CHAOYUE PULIWALUOFU — JICHUZHISHI JUAN

超越普里瓦洛夫

基础知识卷（复变函数论）

● 刘培杰数学工作室 编

U0211730

哈爾濱工業大學出版社
HARBIN INSTITUTE OF TECHNOLOGY PRESS

内容简介

本书对于复变函数给予了更深层次的介绍，总结了一些计算复变函数的常用方法和惯用技巧，叙述严谨、清晰、易懂.

本书适合于高等院校数学与应用数学专业学生学习，也可供数学爱好者及教练员作为参考.

图书在版编目(CIP)数据

超越普里瓦洛夫. 基础知识卷/刘培杰数学工作室编. —哈尔滨：哈尔滨工业大学出版社，2015.6(2020.5 重印)

ISBN 978-7-5603-5281-7

Ⅰ.①超… Ⅱ.①刘… Ⅲ.①复变函数 Ⅳ.①O1 ②O174.5

中国版本图书馆 CIP 数据核字(2015)第 067326 号

策划编辑 刘培杰 张永芹
责任编辑 张永芹 穆 青
封面设计 孙茵艾
出版发行 哈尔滨工业大学出版社
社 址 哈尔滨市南岗区复华四道街 10 号 邮编 150006
传 真 0451-86414749
网 址 http://hitpress.hit.edu.cn
印 刷 哈尔滨市工大节能印刷厂
开 本 787mm×960mm 1/16 印张 11.75 字数 205 千字
版 次 2015 年 6 月第 1 版 2020 年 5 月第 2 次印刷
书 号 ISBN 978-7-5603-5281-7
定 价 28.00 元

(如因印装质量问题影响阅读，我社负责调换)

⊙ 复变函数论简介

复变函数论(theory of functions of a complex variable)是研究复变数的函数的性质及应用的一门学科,是分析学的一个重要分支.

形如 $x+\mathrm{i}y$(x,y 为实数,i 是虚数单位,满足 $\mathrm{i}^2=-1$) 的数称为复数. 复数早在 16 世纪就已经出现,它起源于求代数方程的根. 在相当长的一段时间内,复数不为人们所接受. 直到 19 世纪,才阐明复数是从已知量确定出的数学实体. 以复数为自变量的函数叫做复变函数.

对复变函数的研究是从 18 世纪开始的. 18 世纪三四十年代,欧拉曾利用幂级数详细讨论过初等复变函数的性质,并得出了著名的欧拉公式

$$e^{\mathrm{i}x}=\cos x+\mathrm{i}\sin x$$

1752 年,达朗贝尔在论述流体力学的论文中,考虑复函数 $f(z)=u+\mathrm{i}v$ 的导数存在的条件,导出了关系式

$$\frac{\partial u}{\partial x}=\frac{\partial v}{\partial y},\quad \frac{\partial u}{\partial y}=-\frac{\partial v}{\partial x} \tag{1}$$

欧拉在 1777 年提交圣彼得堡科学院的一篇论文中,利用实函数计算复函数的积分,也得到了关系式(1). 因此,式(1) 有时被称为达朗贝尔—欧拉方程,但后来更多地被称为柯西—黎

曼方程.在这一时期,拉普拉斯也研究过复函数的积分.但是以上三人的工作都存在着本质上的局限性,因为他们把 $f(z)$ 的实部和虚部分开考虑,没有把它们看成一个基本实体.

复变函数论的全面发展是在19世纪.首先,柯西的工作为单复变函数论的发展奠定了基础.他从1814年开始致力于复变函数的研究,完成了一系列重要论著.他把一个复变函数 $f(z)$ 视作复变数 z 的一元函数来研究.他首先证明复数的代数运算与极限运算的合理性,引进了复函数连续性的概念,接着给出了复函数可导的充分必要条件(即柯西—黎曼方程).他定义了复函数的积分,得到复函数在无奇点的区域内积分值与积分路径无关的重要定理,从而导出著名的柯西积分公式

$$f(z)=\frac{1}{2\pi i}\int_{\Gamma}\frac{f(s)}{\zeta-z}ds$$

柯西还给出了复函数在极点处的留数的定义,建立了计算留数的定理.他还研究了多值函数,为黎曼面的创立提供了理论依据.

紧接着,阿贝尔和雅可比创立了椭圆函数理论(1826年),给复变函数论带来了新的生机.1851年,黎曼的博士论文《单复变函数的一般理论基础》第一次给出单值解析函数的定义,指出实函数与复函数导数的基本差别.他把单值解析函数推广到多值解析函数,阐述了现称为黎曼面的概念,开辟了多值函数研究的方向.黎曼还建立了保形映射的基本定理,奠定了复变函数几何理论的基础.

维尔斯特拉斯与柯西、黎曼不同,他摆脱了复函数的几何直观,从研究幂级数出发,提出了复函数的解析开拓理论,引入完全解析函数的概念.他在椭圆函数论方面也有很重要的工作.

19世纪后期,复变函数论得到迅速发展.在相当一段时间内,柯西、黎曼、维尔斯特拉斯这三位主要奠基人的工作被他们各自的追随者继续研究.后来,柯西和黎曼的思想被融合在一起,而维尔斯特拉斯的方法逐渐由柯西、黎曼的观点推导出来.人们发现,维尔斯特拉斯的研究途径不是本质的,因此不再强调从幂级数出发考虑问题,这是20世纪初的事.

20世纪以来,复变函数论又有很大的发展,形成了一些专门的研究领域.在这方面做出较多工作的有瑞典数学家米塔·列夫勒,法国数学家庞加莱、皮卡、波莱尔,芬兰数学家奈望林纳,德国数学家毕波巴赫,以及前苏联数学家韦夸、拉夫连季耶夫等.

⊙ 普里瓦洛夫简介

普里瓦洛夫(Привалов, Иван Иванович),苏联人.1891年2月11日生于别依津斯基.1913年毕业于莫斯科大学后,曾在萨拉托夫大学工作.1918年获数学物理学博士学位,并成为教授.1922年回到莫斯科,先后在莫斯科大学和航空学院任教.1939年成为苏联科学院通讯院士.1941年7月13日逝世.

普里瓦洛夫的研究工作主要涉及函数论与积分方程.有许多研究成果是他与鲁金共同取得的,他们用实变函数论的方法研究解析函数的边界特性与边界值问题.1918年,他在学位论文《关于柯西积分》中,推广了鲁金—普里瓦洛夫唯一性定理,证明了柯西型积分的基本引理和奇异积分定理.他是苏联较早从事单值函数论研究的数学家之一,所谓黎曼—普里瓦洛夫问题就是他的研究成果之一.他还写了三角级数论及次调和函数论方面的著作.他发表了70多部专著和教科书,其中《复变函数引论》《解析几何》都是多次重版的著作,并被译成多种外文出版.

⊙ 目录

题目及解答

1 计算$\frac{1-\mathrm{i}}{1+\mathrm{i}}$.

解 分子、分母同乘以 $1-\mathrm{i}$,得

$$\frac{1-\mathrm{i}}{1+\mathrm{i}}=\frac{(1-\mathrm{i})(1-\mathrm{i})}{(1+\mathrm{i})(1-\mathrm{i})}=\frac{(1-\mathrm{i})^2}{2}=-\mathrm{i}$$

2 求$\left(\frac{1-\mathrm{i}}{1+\mathrm{i}}\right)^4$.

解 因

$$\frac{1-\mathrm{i}}{1+\mathrm{i}}=-\mathrm{i}$$

故

$$\left(\frac{1-\mathrm{i}}{1+\mathrm{i}}\right)^4=(-\mathrm{i})^4=1$$

一般来说,有

$$\left(\frac{x+y\mathrm{i}}{-y+x\mathrm{i}}\right)^n=(-\mathrm{i})^n$$

3 计算$(1+4\mathrm{i})^3$.

解 $(1+4\mathrm{i})^3=1+3(4\mathrm{i})+3(4\mathrm{i})^2+(4\mathrm{i})^3=-47-52\mathrm{i}$

4 假如 $x+\mathrm{i}y=\sqrt{a+b\mathrm{i}}$,试确定 x 与 y.

解 由

$$x+\mathrm{i}y=\sqrt{a+b\mathrm{i}}$$

得

$$(x+\mathrm{i}y)^2=x^2-y^2+2xy\mathrm{i}=a+b\mathrm{i}$$

由此得

$$\begin{cases}x^2-y^2=a & (1)\\ 2xy=b & (2)\end{cases}$$

$(1)^2+(2)^2$ 得

$$(x^2+y^2)^2=a^2+b^2$$

所以

$$x^2+y^2=\sqrt{a^2+b^2}\quad（因\ x^2+y^2\geqslant 0,故取“+”）$$

与式(1)联立得

$$x^2=\frac{1}{2}(\sqrt{a^2+b^2}+a),y^2=\frac{1}{2}(\sqrt{a^2+b^2}-a)$$

所以

$$x=\pm\sqrt{\frac{\sqrt{a^2+b^2}+a}{2}},\quad y=\pm\sqrt{\frac{\sqrt{a^2+b^2}-a}{2}}$$

由式(2)知,当 $b>0$ 时,x,y 应取同号;当 $b<0$ 时,取反号.

5 设 $Z=x+\mathrm{i}y$,其中 x,y 为实数,求下列各数的实部和虚部

$$\frac{1}{Z};\quad \frac{Z-1}{Z+1}$$

解 因

$$\frac{1}{Z}=\frac{1}{x+\mathrm{i}y}=\frac{x-\mathrm{i}y}{(x+\mathrm{i}y)(x-\mathrm{i}y)}=\frac{x}{x^2+y^2}-\mathrm{i}\frac{y}{x^2+y^2}$$

故

$$\mathrm{Re}\left(\frac{1}{Z}\right)=\frac{x}{x^2+y^2},\quad \mathrm{Im}\left(\frac{1}{Z}\right)=\frac{-y}{x^2+y^2}$$

$$\frac{Z-1}{Z+1}=\frac{(x-1)+\mathrm{i}y}{(x+1)+\mathrm{i}y}=\frac{[(x-1)+\mathrm{i}y][(x+1)-\mathrm{i}y]}{(x+1)^2+y^2}=$$

$$\frac{x^2+y^2-1}{(x+1)^2+y^2}+\mathrm{i}\frac{2y}{(x+1)^2+y^2}$$

故

$$\mathrm{Re}\left(\frac{Z-1}{Z+1}\right)=\frac{x^2+y^2-1}{(x+1)^2+y^2}$$

$$\mathrm{Im}\left(\frac{Z-1}{Z+1}\right)=\frac{2y}{(x+1)^2+y^2}$$

6 计算 $\sqrt{-\mathrm{i}}$.

解法一 令

$$\sqrt{-\mathrm{i}}=x+\mathrm{i}y$$

则

$$(x+\mathrm{i}y)^2=-\mathrm{i}$$

等式左端展开后,令实、虚部分别相等,得

$$\begin{cases}x^2-y^2=0 & (1)\\ 2xy=-1 & (2)\end{cases}$$

$(1)^2+(2)^2$,得

$$(x^2+y^2)^2=1$$

所以

$$x^2+y^2=\pm\sqrt{1}=\pm 1$$

因 x,y 为实数,$x^2+y^2\geqslant 0$,故应取"+"号,即

$$x^2+y^2=1 \qquad (3)$$

与式(1)联立,得

$$x=\pm\frac{1}{\sqrt{2}},\quad y=\mp\frac{1}{\sqrt{2}}$$

(由式(2)知 x 与 y 异号),所以

$$\sqrt{-\mathrm{i}}=\pm\frac{1}{\sqrt{2}}(1-\mathrm{i})$$

解法二 $\sqrt{-\mathrm{i}}=\left(\cos\dfrac{-\dfrac{\pi}{2}+2k\pi}{2}+\mathrm{i}\sin\dfrac{-\dfrac{\pi}{2}+2k\pi}{2}\right)^2\quad(k=0,1)$

即

$$\sqrt{-\mathrm{i}}=\pm\left(\frac{1}{\sqrt{2}}-\mathrm{i}\frac{1}{\sqrt{2}}\right)$$

注 根号内是复数时,它不同于根号内是非负实数的情形,它表示一个复数的有限集.

7 计算$\sqrt{1+\mathrm{i}}$.

解法一 令

$$(x+\mathrm{i}y)^2=1+\mathrm{i}$$

得

$$\begin{cases}x^2-y^2=1 & (1)\\ 2xy=1 & (2)\end{cases}$$

$(1)^2+(2)^2$,得

$$(x^2+y^2)^2=2$$

所以

$$x^2+y^2=\sqrt{2}$$

(因为 $x^2+y^2\geqslant 0$,所以取"+"). 与式(1) 联立

$$\begin{cases}x^2-y^2=1\\x^2+y^2=\sqrt{2}\end{cases}$$

得

$$x^2=\frac{1}{2}+\frac{\sqrt{2}}{2}$$

所以

$$x=\pm\sqrt{\frac{\sqrt{2}+1}{2}};\quad y=\pm\sqrt{\frac{\sqrt{2}-1}{2}}$$

但由式(2) 知,y 应与 x 同号,故

$$\sqrt{1+\mathrm{i}}=\pm\frac{1}{\sqrt{2}}(\sqrt{\sqrt{2}+1}+\mathrm{i}\sqrt{\sqrt{2}-1})$$

解法二 利用公式 $Z=\sqrt[n]{r}\left(\cos\dfrac{\varphi+2k\pi}{n}+\mathrm{i}\sin\dfrac{\varphi+2k\pi}{n}\right)$ 计算. 为此,先计算出 $1+\mathrm{i}$,得

$$1+\mathrm{i}=\sqrt{x^2+y^2}=\sqrt{2};\arg(1+\mathrm{i})=\arg\tan\frac{1}{1}=\frac{\pi}{4}$$

所以

$$\sqrt{\mathrm{i}+1}=\sqrt[4]{2}\left(\cos\frac{\frac{\pi}{4}+2k\pi}{2}+\mathrm{i}\sin\frac{\frac{\pi}{4}+2k\pi}{2}\right)\quad(k=0,1)$$

当 $k=0$ 时,得

$$\sqrt[4]{2}\left(\cos\frac{\pi}{8}+\mathrm{i}\sin\frac{\pi}{8}\right)$$

利用半角公式,化成代数式

$$\sqrt[4]{2}\left(\cos\frac{\pi}{8}+\mathrm{i}\sin\frac{\pi}{8}\right)=\sqrt[4]{2}\left(\sqrt{\frac{1+\cos\frac{\pi}{4}}{2}}+\mathrm{i}\sqrt{\frac{1-\cos\frac{\pi}{4}}{2}}\right)=$$

$$\frac{1}{\sqrt{2}}(\sqrt{\sqrt{2}+1}+\mathrm{i}\sqrt{\sqrt{2}-1})$$

当 $k=1$ 时,得

$$\sqrt[4]{2}\left[\cos\left(\pi+\frac{\pi}{8}\right)+\mathrm{i}\sin\left(\pi+\frac{\pi}{8}\right)\right]=$$

$$\sqrt[4]{2}\left(-\cos\frac{\pi}{8}-\mathrm{i}\sin\frac{\pi}{8}\right)=$$

$$-\frac{1}{\sqrt{2}}(\sqrt{\sqrt{2}+1}+\mathrm{i}\sqrt{\sqrt{2}-1})$$

合并结果得

$$\sqrt{1+\mathrm{i}}=\pm\frac{1}{\sqrt{2}}(\sqrt{\sqrt{2}+1}+\mathrm{i}\sqrt{\sqrt{2}-1})$$

8 计算$\sqrt[4]{-1}$的四个值.

解法一 令 $Z^4=-1$,有 $Z^2=\pm\sqrt{-1}=\pm\mathrm{i}$,故

$$Z=\pm\sqrt{\pm\mathrm{i}}$$

由第6题知

$$\sqrt{-\mathrm{i}}=\pm\frac{1}{\sqrt{2}}(1-\mathrm{i})$$

而$\sqrt{\mathrm{i}}=\pm\frac{1}{\sqrt{2}}(1+\mathrm{i})$,故

$$\sqrt{\pm\mathrm{i}}=\begin{cases}\pm\frac{1}{\sqrt{2}}(1-\mathrm{i})\\ \pm\frac{1}{\sqrt{2}}(1+\mathrm{i})\end{cases}$$

由于$\sqrt[4]{-1}$仅有四个值,故$-\sqrt{\pm\mathrm{i}}$必然与上述四个值重合.最后得

$$\sqrt[4]{-1}=\begin{cases}\pm\frac{1}{\sqrt{2}}(1+\mathrm{i})\\ \pm\frac{1}{\sqrt{2}}(1-\mathrm{i})\end{cases}$$

解法二 因为$-1=\cos\pi+\mathrm{i}\sin\pi$,所以

$$\sqrt[4]{-1}=\cos\frac{\pi+2k\pi}{4}+\mathrm{i}\sin\frac{\pi+2k\pi}{4}\quad(k=0,1,2,3)$$

当$k=0$时,得

$$\cos\frac{\pi}{4}+\mathrm{i}\sin\frac{\pi}{4}=\frac{1}{\sqrt{2}}(1+\mathrm{i})$$

当$k=1$时,得

$$\cos\frac{3}{4}\pi+\mathrm{i}\sin\frac{3}{4}\pi=\frac{1}{\sqrt{2}}(-1+\mathrm{i})$$

当 $k=2$ 时,得

$$\cos\frac{5}{4}\pi+\mathrm{i}\sin\frac{5}{4}\pi=-\frac{1}{\sqrt{2}}(1+\mathrm{i})$$

当 $k=3$ 时,得

$$\cos\frac{7}{4}\pi+\mathrm{i}\sin\frac{7}{4}\pi=\frac{1}{\sqrt{2}}(1-\mathrm{i})$$

9 计算 $(1+\mathrm{i})^n+(1-\mathrm{i})^n$.

解 因

$$1+\mathrm{i}=\sqrt{2}\left(\cos\frac{\pi}{4}+\mathrm{i}\sin\frac{\pi}{4}\right)=\sqrt{2}\,\mathrm{e}^{\frac{\pi}{4}\mathrm{i}}$$

$$1-\mathrm{i}=\sqrt{2}\,\mathrm{e}^{-\frac{\pi}{4}\mathrm{i}}$$

所以

$$(1+\mathrm{i})^n+(1-\mathrm{i})^n=2^{\frac{n}{2}}(\mathrm{e}^{\frac{n\pi}{4}\mathrm{i}}+\mathrm{e}^{-\frac{n\pi}{4}\mathrm{i}})=$$

$$2\cdot 2^{\frac{n}{2}}\cos\frac{n\pi}{4}$$

10 求 1 的三次方根.

解 因 $\arg 1=0$,又 $\sqrt[3]{1}=1$,故 1 的三个三次方根为

$$w_0=\mathrm{e}^{\mathrm{i}0}=1,w_1=1\cdot\mathrm{e}^{\mathrm{i}\frac{2\pi}{3}}=\frac{-1+\sqrt{3}\mathrm{i}}{2}$$

$$w_2=1\cdot\mathrm{e}^{\mathrm{i}\frac{4\pi}{3}}=\frac{-1-\sqrt{3}\mathrm{i}}{2}$$

易验证 w_0,w_1 与 w_2 满足以下关系

$$w_0+w_1+w_2=0,w_1^2=w_2,w_2^2=w_1$$

11 求 i 的四次方根.

解 因为 $\mathrm{i}=\mathrm{e}^{\mathrm{i}(\frac{\pi}{2}+2k\pi)}$,所以 i 的四个四次方根是

$$\mathrm{e}^{\mathrm{i}\frac{\pi}{8}},\quad \mathrm{e}^{\mathrm{i}\left(\frac{\pi}{8}+\frac{\pi}{2}\right)},\quad \mathrm{e}^{\mathrm{i}\left(\frac{\pi}{8}+\pi\right)},\quad \mathrm{e}^{\mathrm{i}\left(\frac{\pi}{8}+\frac{3}{2}\pi\right)}$$

或

$$\mathrm{e}^{\mathrm{i}\frac{\pi}{8}},\quad \mathrm{i}\mathrm{e}^{\mathrm{i}\frac{\pi}{8}},\quad -\mathrm{e}^{\mathrm{i}\frac{\pi}{8}},\quad -\mathrm{i}\mathrm{e}^{\mathrm{i}\frac{\pi}{8}}$$

12 试证明:任何复数 z 只要不等于 -1,而其模为 1,则必可表成

$z=\dfrac{1+t\mathrm{i}}{1-t\mathrm{i}}$ 之形状，此处 t 为实数.

证　因 $|z|=1$，故可设

$$z=\cos\theta+\mathrm{i}\sin\theta$$

由于 $z\neq -1$，故

$$\theta\neq k\pi\quad(k=\pm1,\pm3,\pm5,\cdots)$$

于是

$$z=\cos\theta+\mathrm{i}\sin\theta=\frac{1-\tan^2\dfrac{\theta}{2}}{1+\tan^2\dfrac{\theta}{2}}+\mathrm{i}\,\frac{2\tan\dfrac{\theta}{2}}{1+\tan^2\dfrac{\theta}{2}}$$

此时可令

$$t=\tan\frac{\theta}{2}\quad(\text{有限实数，因 }\theta\neq(2n+1)\pi)$$

故

$$z=\frac{1-t^2}{1+t^2}+\mathrm{i}\,\frac{2t}{1+t^2}=\frac{(1-t^2)+2t\mathrm{i}}{1+t^2}=$$

$$\frac{(1+t\mathrm{i})^2}{(1+t\mathrm{i})(1-t\mathrm{i})}=\frac{1+t\mathrm{i}}{1-t\mathrm{i}}$$

13 设有复数 $a+b\mathrm{i}$，模为 1，$b\neq0$，则它可表为 $a+b\mathrm{i}=\dfrac{c+\mathrm{i}}{c-\mathrm{i}}$，$c$ 为实数.

证　若存在实数 c 使

$$ac+b=c,\ a-bc=-1$$

便有

$$(a+b\mathrm{i})(c-\mathrm{i})=(ac+b)-(a-bc)\mathrm{i}=c+\mathrm{i}\quad(c-\mathrm{i}\neq0)$$

即 $a+b\mathrm{i}$ 可表为 $\dfrac{c+\mathrm{i}}{c-\mathrm{i}}$.

这样，当 $c=\dfrac{1+a}{b}$ 时（$b\neq0$，c 为实数），确有

$$ac+b=a\,\frac{1+a}{b}+b=\frac{a+a^2+b^2}{b}=\frac{a+1}{b}=c$$

$$a-bc=a-(1+a)=-1\quad(\text{由假设 }a^2+b^2=1)$$

14 若 $\theta,\theta_1,\theta_2,\cdots,\theta_n$ 是实数，证明以下等式：

(1) $\prod_{k=1}^{n}(\cos\theta_k+\mathrm{i}\sin\theta_k)=\cos\sum_{k=1}^{n}\theta_k+\mathrm{i}\sin\sum_{k=1}^{n}\theta_k$;

(2) $(\cos\theta+\mathrm{i}\sin\theta)^m=\cos m\theta+\mathrm{i}\sin m\theta(m=0,\pm1,\pm2,\cdots)$.

证 (1) 用归纳法:当 $n=1$ 时,显然成立.

当 $n=p$ 时,有

$$\prod_{k=1}^{p}(\cos\theta_k+\mathrm{i}\sin\theta_k)=\cos\sum_{k=1}^{p}\theta_k+\mathrm{i}\sin\sum_{k=1}^{p}\theta_k$$

则当 $n=p+1$ 时,有

$$\begin{aligned}\prod_{k=1}^{p+1}(\cos\theta_k+\mathrm{i}\sin\theta_k)=&\left(\cos\sum_{k=1}^{p}\theta_k+\mathrm{i}\sin\sum_{k=1}^{p}\theta_k\right)\cdot\\&(\cos\theta_{p+1}+\mathrm{i}\sin\theta_{p+1})=\\&\cos\sum_{k=1}^{p}\theta_k\cdot\cos\theta_{p+1}-\sin\sum_{k=1}^{p}\theta_k\cdot\sin\theta_{p+1}+\\&\mathrm{i}\left(\sin\sum_{k=1}^{p}\theta_k\cdot\cos\theta_{p+1}+\cos\sum_{k=1}^{p}\theta_k\cdot\sin\theta_{p+1}\right)=\\&\cos\left(\sum_{k=1}^{p}\theta_k+\theta_{p+1}\right)+\mathrm{i}\sin\left(\sum_{k=1}^{p}\theta_k+\theta_{p+1}\right)=\\&\cos\sum_{k=1}^{p+1}\theta_k+\mathrm{i}\sin\sum_{k=1}^{p+1}\theta_k\end{aligned}$$

由归纳法知,对任意的自然数 n,有

$$\prod_{k=1}^{n}(\cos\theta_k+\mathrm{i}\sin\theta_k)=\cos\sum_{k=1}^{n}\theta_k+\mathrm{i}\sin\sum_{k=1}^{n}\theta_k$$

(2) 若 m 为自然数 n,在第(1)问中令 $\theta_k=\theta(k=1,2,\cdots,n)$,则等式成为

$$(\cos\theta+\mathrm{i}\sin\theta)^n=\cos n\theta+\mathrm{i}\sin n\theta$$

当 $m=0$ 时,则等式两边显然均为 1.

若 $m=-n$(n 为自然数),则

$$\begin{aligned}(\cos\theta+\mathrm{i}\sin\theta)^{-n}=&\frac{(\cos\theta-\mathrm{i}\sin\theta)^n}{(\cos\theta+\mathrm{i}\sin\theta)^n(\cos\theta-\mathrm{i}\sin\theta)^n}=\\&\frac{(\cos\theta-\mathrm{i}\sin\theta)^n}{(\cos^2\theta+\sin^2\theta)^n}=\\&(\cos\theta-\mathrm{i}\sin\theta)^n=\\&[\cos(-\theta)+\mathrm{i}\sin(-\theta)]^n=\\&\cos n(-\theta)+\mathrm{i}\sin n(-\theta)=\\&\cos(-n)\theta+\mathrm{i}\sin(-n)\theta\end{aligned}$$

所以,对任意的整数 m,均有

$$(\cos\theta+\mathrm{i}\sin\theta)^m=\cos m\theta+\mathrm{i}\sin m\theta$$

注 借用于第(1)问的等式，我们证明了棣莫弗(De-Moivre)公式.

15 用 $\cos\theta$ 与 $\sin\theta$ 表示 $\cos 5\theta$.

解 $\cos 5\theta=\mathrm{Re}(\cos 5\theta+\mathrm{i}\sin 5\theta)=\mathrm{Re}(\cos\theta+\mathrm{i}\sin\theta)^5=$

$$\mathrm{Re}(\cos^5\theta+5\mathrm{i}\cos^4\theta\sin\theta-10\cos^3\theta\sin^2\theta-10\mathrm{i}\cos^2\theta\sin^3\theta+5\cos\theta\sin^4\theta+\mathrm{i}\sin^5\theta)=$$

$$\cos^5\theta-10\cos^3\theta\sin^2\theta+5\cos\theta\sin^4\theta$$

由此亦得

$$\sin 5\theta=5\cos^4\theta\sin\theta-10\cos^2\theta\sin^3\theta+\sin^5\theta$$

16 利用棣莫弗公式把 $\cos nx$ 与 $\sin nx$ 展开成 $\sin x$ 与 $\cos x$ 的乘幂.

解 由棣莫弗公式

$$(\cos x+\mathrm{i}\sin x)^n=\cos nx+\mathrm{i}\sin nx$$

把左边按二项式展开，比较实、虚部便得

$$\cos nx=\cos^n x-\mathrm{C}_n^2\cos^{n-2}x\sin^2 x+\mathrm{C}_n^4\cos^{n-4}x\sin^4 x+\cdots+\mathrm{C}_n^{2k}(-1)^k\cos^{n-2k}\sin^{2k}x+\cdots+\begin{cases}(-1)^{\frac{n}{2}}\sin^n x & (n\text{ 为偶数})\\(-1)^{\frac{n-1}{2}}\cos x\sin^{n-1}x & (n\text{ 为奇数})\end{cases}$$

$$\sin nx=\mathrm{C}_n^1\cos^{n-1}x\sin x-\mathrm{C}_n^3\cos^{n-3}x\sin^3 x+\cdots+(-1)^k\mathrm{C}_n^{2k+1}\cos^{n-(2k+1)}x\sin^{2k+1}x+\cdots+\begin{cases}(-1)^{\frac{n-2}{2}}\cos x\sin^{n-1}x & (n\text{ 为偶数})\\(-1)^{\frac{n-1}{2}}\sin^n x & (n\text{ 为奇数})\end{cases}$$

17 化简下列各式：

(1) $\dfrac{(1+\mathrm{i})^n}{(1-\mathrm{i})^{n-2}}$($n$ 为正整数)；

(2) $(1+\mathrm{i})^{10\,000}+(1-\mathrm{i})^{10\,000}$.

解 (1) $\dfrac{(1+\mathrm{i})^n}{(1-\mathrm{i})^{n-2}}=\left(\dfrac{1+\mathrm{i}}{1-\mathrm{i}}\right)^n(1-\mathrm{i})^2=$

$$(-2\mathrm{i})\left(\frac{(1+\mathrm{i})(1-\mathrm{i})}{(1-\mathrm{i})^2}\right)^n=$$

$$(-2i)\frac{2^n}{(-2i)^n}=(-2i)(i)^n=$$
$$2i^{n+3}=2i^{n-1}.$$

(2) 设

$$1+i=\rho(\cos\theta+i\sin\theta)$$

则 $\rho=\sqrt{2},\theta=\frac{\pi}{4}$. 但

$$(1+i)^{10\,000}=\rho^{10\,000}(\cos 10\,000\theta+i\sin 10\,000\theta)$$
$$(1-i)^{10\,000}=\rho^{10\,000}(\cos 10\,000\theta-i\sin 10\,000\theta)$$

于是

$$(1+i)^{10\,000}+(1-i)^{10\,000}=$$
$$2\rho^{10\,000}\cos 10\,000\theta=$$
$$2\cdot 2^{\frac{10\,000}{2}}\cdot\cos\left(10\,000\cdot\frac{\pi}{4}\right)=$$
$$2^{5\,001}\cos[2(1\,250)\pi]=2^{5\,001}$$

18 求 $1-\omega^h+\omega^{2h}-\cdots+(-1)^{n-1}\omega^{(n-1)h}$ 的值.

解 设

$$S=1-\omega^h+\omega^{2h}-\cdots+(-1)^{n-1}\omega^{(n-1)h}=$$
$$\begin{cases}1+\omega^{2h}+\omega^{4h}+\cdots+\omega^{(n-2)h}-(\omega^h+\omega^{3h}+\cdots+\omega^{(n-1)h})(n\text{ 为偶数})\\1+\omega^{2h}+\omega^{4h}+\cdots+\omega^{(n-1)h}-(\omega^h+\cdots+\omega^{(n-2)h})(n\text{ 为奇数})\end{cases}=$$
$$\begin{cases}\dfrac{1-\omega^{(n-1)h}}{1-\omega^{2h}}-\dfrac{1-\omega^{(n-1)h}}{1-\omega^{2h}}\omega^h=\dfrac{1-\omega^h+\omega^{nh}-\omega^{(n-1)h}}{1-\omega^{2h}}(n\text{ 为偶数})\\\dfrac{1-\omega^{nh}}{1-\omega^{2h}}-\dfrac{1-\omega^{(n-2)h}}{1-\omega^{2h}}\omega^h=\dfrac{1-\omega^h+\omega^{(n-1)h}-\omega^{nh}}{1-\omega^{2h}}(n\text{ 为奇数})\end{cases}$$

19 若 $\omega=\cos\frac{2\pi}{n}+i\sin\frac{2\pi}{n}$,求证:对于任一整数 h,只要 h 不是 n 的倍数,就有

$$1+\omega^h+\omega^{2h}+\cdots+\omega^{(n-1)h}=0$$

证 因为

$$\omega=\cos\frac{2\pi}{n}+i\sin\frac{2\pi}{n}$$

故当 h 不是 n 的倍数时

$$\omega^h=\cos\frac{2\pi h}{n}+i\sin\frac{2\pi h}{n}\neq 1$$

所以

$$1+\omega^h+\omega^{2h}+\cdots+\omega^{(n-1)h}=\frac{1-\omega^{nh}}{1-\omega^h}$$

但因

$$\omega^{nh}=\cos\frac{2\pi}{n}nh+\mathrm{i}\sin\frac{2\pi}{n}nh=1$$

所以

$$1-\omega^{nh}=0$$

从而

$$1+\omega^h+\omega^{2h}+\cdots+\omega^{(n-1)h}=0$$

20 证明等式

$$(1+\cos\theta+\mathrm{i}\sin\theta)^n=2^n\cos^n\frac{\theta}{2}\left(\cos\frac{n\theta}{2}+\mathrm{i}\sin\frac{n\theta}{2}\right)$$

证 $(1+\cos\theta+\mathrm{i}\sin\theta)^n=(2\cos^2\frac{\theta}{2}+\mathrm{i}\sin\theta)^n=$

$$\left[2\cos\frac{\theta}{2}\left(\cos\frac{\theta}{2}+\mathrm{i}\frac{\sin\left(2\cdot\frac{\theta}{2}\right)}{2\cos\frac{\theta}{2}}\right)\right]^n=$$

$$2^n\cos^n\frac{\theta}{2}\left(\cos\frac{\theta}{2}+\mathrm{i}\sin\frac{\theta}{2}\right)^n=$$

$$2^n\cos^n\frac{\theta}{2}\left(\cos\frac{n\theta}{2}+\mathrm{i}\sin\frac{n\theta}{2}\right)$$

21 若 $\varphi\neq 2k\pi$(k 为整数),求证

$$\sum_{k=0}^{n}\cos(\theta+k\varphi)=\frac{\sin\frac{(n+1)\varphi}{2}\cos\left(\theta+\frac{n\varphi}{2}\right)}{\sin\frac{\varphi}{2}}$$

证法一 因为

$$\sum_{k=0}^{n}\cos(\theta+k\varphi)=\cos\theta\sum_{k=0}^{n}\cos k\varphi-\sin\theta\sum_{k=0}^{n}\sin k\varphi$$

令

$$\sum_{k=0}^{n}\cos k\varphi=a,\sum_{k=0}^{n}\sin k\varphi=b,\cos\varphi+\mathrm{i}\sin\varphi=\omega$$

由于 $\varphi \neq 2k\pi$(k 为整数),故 $\omega \neq 1$.

于是

$$a+\mathrm{i}b=\sum_{k=0}^{n}(\cos k\varphi+\mathrm{i}\sin k\varphi)=\sum_{k=0}^{n}(\cos\varphi+\mathrm{i}\sin\varphi)^{k}=$$

$$\sum_{k=0}^{n}\omega^{k}=\frac{1-\omega^{n+1}}{1-\omega}=\frac{(1-\omega^{n+1})(1-\bar{\omega})}{|1-\omega|^{2}}=$$

$$\frac{1-\bar{\omega}-\omega^{n+1}+\omega^{n}}{|1-\omega|^{2}}=$$

$$\frac{[1-\cos\varphi-\cos(n+1)\varphi+\cos n\varphi]}{2-2\cos\varphi}+$$

$$\frac{\mathrm{i}[\sin\varphi-\sin(n+1)\varphi-\sin n\varphi]}{2-2\cos\varphi}=$$

$$\frac{4\cos\frac{n\varphi}{2}\sin\frac{(n+1)\varphi}{2}\sin\frac{\varphi}{2}+\mathrm{i}4\sin\frac{n\varphi}{2}\sin\frac{(n+1)\varphi}{2}\sin\frac{\varphi}{2}}{4\sin^{2}\frac{\varphi}{2}}=$$

$$\frac{\cos\frac{n\varphi}{2}\sin\frac{(n+1)\varphi}{2}}{\sin\frac{\varphi}{2}}+\mathrm{i}\frac{\sin\frac{n\varphi}{2}\sin\frac{(n+1)\varphi}{2}}{\sin\frac{\varphi}{2}}$$

所以

$$a=\frac{\cos\frac{n\varphi}{2}\sin\frac{(n+1)\varphi}{2}}{\sin\frac{\varphi}{2}},\quad b=\frac{\sin\frac{n\varphi}{2}\sin\frac{(n+1)\varphi}{2}}{\sin\frac{\varphi}{2}}$$

故

$$\sum_{k=0}^{n}\cos(\theta+k\varphi)=\cos\theta\frac{\cos\frac{n\varphi}{2}\sin\frac{(n+1)\varphi}{2}}{\sin\frac{\varphi}{2}}-$$

$$\sin\theta\frac{\sin\frac{n\varphi}{2}\sin\frac{(n+1)\varphi}{2}}{\sin\frac{\varphi}{2}}=$$

$$\frac{\sin\frac{(n+1)\varphi}{2}\cos\left(\theta+\frac{n\varphi}{2}\right)}{\sin\frac{\varphi}{2}}$$

证法二

$$\sum_{k=0}^{n}\cos(\theta+k\varphi)=\frac{1}{2\sin\frac{\varphi}{2}}\sum_{k=0}^{n}2\cos(\theta+k\varphi)\sin\frac{\varphi}{2}=$$

$$\frac{1}{2\sin\frac{\varphi}{2}}\sum_{k=0}^{n}\left\{\sin\left[\theta+\left(k+\frac{1}{2}\right)\varphi\right]-\right.$$

$$\left.\sin\left[\theta+\left(k-\frac{1}{2}\right)\varphi\right]\right\}=$$

$$\frac{\sin\left(\theta+\frac{2n+1}{2}\varphi\right)-\sin\left(\theta-\frac{1}{2}\varphi\right)}{2\sin\frac{\varphi}{2}}=$$

$$\frac{\sin\frac{(n+1)\varphi}{2}\cos\left(\theta+\frac{n\varphi}{2}\right)}{\sin\frac{\varphi}{2}}$$

22 设 $Z=x+\mathrm{i}y$，证明

$$\frac{|x|+|y|}{\sqrt{2}}\leqslant|Z|\leqslant|x|+|y|$$

证 显然

$$|Z|=|x+\mathrm{i}y|\leqslant|x|+|y|$$

故下面只需证明

$$|x|+|y|\leqslant\sqrt{2}|Z|$$

先介绍第一种证法.

事实上，因为

$$(|x|-|y|)^2\geqslant0$$

即

$$|x|^2+|y|^2\geqslant2|xy|$$

所以

$$|x|^2+|y|^2+2|x||y|\leqslant2(|x|^2+|y|^2)$$

即

$$(|x|+|y|)^2\leqslant2(|x|^2+|y|^2)$$

故有

$$|x|+|y|\leqslant\sqrt{2}\sqrt{|x|^2+|y|^2}=\sqrt{2}|Z|$$

再介绍另一种证法.

由于

$$(\sqrt{2}\,|Z|)^2-(|x|+|y|)^2=|x|^2-2|x||y|+|y|^2=$$
$$(|x|-|y|)^2\geqslant 0$$

所以

$$(|x|+|y|)^2\leqslant(\sqrt{2}\,|Z|)^2$$

故有

$$|x|+|y|\leqslant\sqrt{2}\,|Z|$$

23 试证明：$|Z_1+Z_2|^2+|Z_1-Z_2|^2=2(|Z_1|^2+|Z_2|^2)$，并说明它的几何意义.

证法一 因为

$$|Z_1+Z_2|^2=(Z_1+Z_2)(\bar{Z}_1+\bar{Z}_2)=$$
$$|Z_1|^2+|Z_2|^2+2\mathrm{Re}\,Z_1\bar{Z}_2$$

又

$$|Z_1-Z_2|^2=(Z_1-Z_2)(\bar{Z}_1-\bar{Z}_2)=$$
$$|Z_1|^2+|Z_2|^2-2\mathrm{Re}\,Z_1\bar{Z}_2$$

两式相加,得

$$|Z_1+Z_2|^2+|Z_1-Z_2|^2=2(|Z_1|^2+|Z_2|^2)$$

证法二 设 $Z_1=x_1+\mathrm{i}y_1$, $Z_2=x_2+\mathrm{i}y_2$,则

$$|Z_1+Z_2|^2=(x_1+x_2)^2+(y_1+y_2)^2$$
$$|Z_1-Z_2|^2=(x_1-x_2)^2+(y_1-y_2)^2$$

故

$$|Z_1+Z_2|^2+|Z_1-Z_2|^2=$$
$$2(x_1^2+y_1^2+x_2^2+y_2^2)=$$
$$2(|Z_1|^2+|Z_2|^2)$$

几何意义:平行四边形两对角线的平方和等于各边平方和.

24 试证明 $|z_1|+|z_2|=\left|\frac{z_1+z_2}{2}-u\right|+\left|\frac{z_1+z_2}{2}+u\right|$，此处 $u=\sqrt{z_1z_2}$.

证 设 $z_1=t_1^2$, $z_2=t_2^2$,则

$$|z_1|=|t_1|^2,\quad |z_2|=|t_2|^2$$

且

$$|z_1+z_2|=|t_1^2+t_2^2|$$

于是再利用上题的结论即可得证.

25 若 $|\beta|<1$,证明

$$\left|\frac{\alpha-\beta}{1-\bar{\alpha}\beta}\right| \begin{cases} =1 & (当\ |\alpha|=1) \\ <1 & (当\ |\alpha|<1) \\ >1 & (当\ |\alpha|>1) \end{cases}$$

证 ① 当 $|\alpha|=1$ 时

$$\left|\frac{\alpha-\beta}{1-\bar{\alpha}\beta}\right|=\frac{|\alpha-\beta|}{|\alpha||1-\bar{\alpha}\beta|}=\frac{|\alpha-\beta|}{|\alpha-\alpha\bar{\alpha}\beta|}=\frac{|\alpha-\beta|}{|\alpha-\beta|}=1$$

(此分式有意义,这是因为 α 和 β 不能是关于单位圆的一对对称点,故当 $|\alpha|=1$ 时,一定有 $\alpha\neq\beta$).

② 当 $|\alpha|<1$, $|\beta|<1$ 时,有 $\left|\frac{\alpha-\beta}{1-\bar{\alpha}\beta}\right|<1$.

证法一 因为

$$|\alpha-\beta|^2=(\alpha-\beta)(\bar{\alpha}-\bar{\beta})=$$
$$|\alpha|^2+|\beta|^2-(\bar{\alpha}\beta+\bar{\beta}\alpha)$$
$$|1-\bar{\alpha}\beta|^2=(1-\bar{\alpha}\beta)(1-\alpha\bar{\beta})=$$
$$1+|\alpha|^2|\beta|^2-(\bar{\alpha}\beta+\alpha\bar{\beta})$$

又当 $|\alpha|<1$, $|\beta|<1$ 时,显然有

$$(1-|\beta|^2)|\alpha|^2<1-|\beta|^2$$

即

$$|\alpha|^2+|\beta|^2<1+|\alpha|^2|\beta|^2$$

所以

$$\frac{|\alpha-\beta|}{|1-\bar{\alpha}\beta|}<1$$

证法二 设 $x=\dfrac{\alpha-\beta}{1-\bar{\alpha}\beta}$, $y=\dfrac{|\alpha|+|\beta|}{1+|\alpha||\beta|}$,则

$$1-|x|^2=1-x\bar{x}=\frac{(1-|\alpha|^2)(1-|\beta|^2)}{|1-\bar{\alpha}\beta|^2}$$

$$1-y^2=\frac{(1-|\alpha|^2)(1-|\beta|^2)}{(1+|\alpha||\beta|)^2}$$

但由于

$$|1-\bar{\alpha}\beta|\leqslant 1+|\bar{\alpha}||\beta|=1+|\alpha||\beta|$$

所以

$$1-|x|^2\geqslant 1-y^2$$

从而

$$|x|^2\leqslant y^2$$

即

$$|x|<y\quad(\text{因为由假设 } y\geqslant 0)$$

亦即

$$\left|\frac{\alpha-\beta}{1-\bar{\alpha}\beta}\right|\leqslant\frac{|\alpha|+|\beta|}{1+|\alpha||\beta|}$$

下面只需证明$\dfrac{|\alpha|+|\beta|}{1+|\alpha||\beta|}<1$即可.

事实上,由于$|\alpha|<1$, $|\beta|<1$,有

$$\frac{|\alpha|+|\beta|}{1+|\alpha||\beta|}-1=\frac{|\alpha|+|\beta|-1-|\alpha||\beta|}{1+|\alpha||\beta|}=\frac{(|\alpha|-1)(1-|\beta|)}{1+|\alpha||\beta|}<0$$

即

$$\frac{|\alpha|+|\beta|}{1+|\alpha||\beta|}<1$$

③ 对于$|\alpha|>1$, $|\beta|<1$的情况,留给读者自证.

注 此题还可将α,β用直角坐标或极坐标表示,加以证明.

26 利用复数表示圆的方程($a\neq 0$)

$$a(x^2+y^2)+bx+cy+d=0$$

其中a,b,c,d是实常数.

解 令$z=x+\mathrm{i}y$,由性质可知

$$a(x^2+y^2)+bx+cy+d=$$
$$a(z\bar{z})+b\frac{z+\bar{z}}{2}+c\frac{z-\bar{z}}{2\mathrm{i}}+d=$$
$$az\bar{z}+\frac{1}{2}(b-c\mathrm{i})z+\frac{1}{2}(b+c\mathrm{i})\bar{z}+d$$

记$\beta=\dfrac{1}{2}(b+c\mathrm{i})$,故知圆的方程的复数表示乃是

$$az\bar{z}+\bar{\beta}z+\beta\bar{z}+d=0$$

其中a,d是实数.反之,这种形式的方程就表示一个圆.

注 1 这种形式的特点就是两条:$z\bar{z}$的系数和常数项是实的,而z和$\bar{z}$的系数彼此共轭.

注 2 以后还会见到圆的另外两种复变数表示，它们分别适用于不同的场合.

注 3 任何实变数的方程原则上都可用复变数表示.

27 证明：方程 $\left|\dfrac{Z-Z_1}{Z-Z_2}\right|=k(0<k\neq 1, Z_1\neq Z_2)$ 表示复平面上的一个圆，其圆心为 Z_0，半径为 ρ，且 $Z_0=\dfrac{Z_1-k^2Z_2}{1-k^2}$，$\rho=\dfrac{k\mid Z_1-Z_2\mid}{\mid 1-k^2\mid}$.

证 因为

$$\left|\frac{Z-Z_1}{Z-Z_2}\right|^2=k^2$$

而

$$\left(\frac{Z-Z_1}{Z-Z_2}\right)\left(\frac{\overline{Z}-\overline{Z}_1}{\overline{Z}-\overline{Z}_2}\right)=k^2$$

所以

$$\mid Z\mid^2-Z_1\overline{Z}-\overline{Z}_1Z+\mid Z_1\mid^2=k^2(\mid Z\mid^2-Z_2\overline{Z}-\overline{Z}_2Z+\mid Z_2\mid^2)$$

即

$$\mid Z\mid^2(1-k^2)-\overline{Z}(Z_1-k^2Z_2)-Z(\overline{Z}_1-k^2\overline{Z}_2)=k^2\mid Z_2\mid^2-\mid Z_1\mid^2$$

亦即

$$\mid Z\mid^2-\frac{\overline{Z}(Z_1-k^2Z_2)}{1-k^2}-\frac{Z(\overline{Z}_1-k^2\overline{Z}_2)}{1-k^2}+\frac{\mid Z_1-k^2Z_2\mid^2}{(1-k^2)^2}=\frac{k^2\mid Z_2\mid^2-\mid Z_1\mid^2}{1-k^2}+\frac{\mid Z_1-k^2Z_2\mid^2}{(1-k^2)^2}$$

亦即

$$\left(Z-\frac{Z_1-k^2Z_2}{1-k^2}\right)\left(\overline{Z}-\frac{\overline{Z}_1-k^2\overline{Z}_2}{1-k^2}\right)=\frac{(1-k^2)(k^2\mid Z_2\mid^2-\mid Z_1\mid^2)+(Z_1-k^2Z_2)(\overline{Z}_1-k^2\overline{Z}_2)}{(1-k^2)^2}$$

亦即

$$\left|Z-\frac{Z_1-k^2Z_2}{1-k^2}\right|^2=\frac{k^2(\mid Z_2\mid^2+\mid Z_1\mid^2-Z_2\overline{Z}_1-Z_1\overline{Z}_2)}{(1-k^2)^2}=\frac{k^2\mid Z_1-Z_2\mid^2}{(1-k^2)^2}$$

故有

$$\left|Z-\frac{Z_1-k^2Z_2}{1-k^2}\right|=k\left|\frac{Z_1-Z_2}{1-k^2}\right|$$

这是圆的方程,该圆的中心为 $Z_0=\frac{Z_1-k^2Z_2}{1-k^2}$,半径为 $\rho=k\left|\frac{Z_1-Z_2}{1-k^2}\right|$($0<k\neq 1,Z_1\neq Z_2$).

28 证明:当且仅当 $\frac{\alpha_i}{\alpha_j}\geqslant 0$ 时($i,j=1,2,\cdots,n$),有

$$|\alpha_1+\alpha_2+\cdots+\alpha_n|=|\alpha_1|+|\alpha_2|+\cdots+|\alpha_n|$$

证 ① 先证 $n=2$ 的情况:

即当且仅当 $\frac{\alpha_1}{\alpha_2}\geqslant 0$ 时

$$|\alpha_1+\alpha_2|=|\alpha_1|+|\alpha_2|$$

只需证明,当且仅当 $\alpha_1\overline{\alpha}_2\geqslant 0$,$|\alpha_1+\alpha_2|=|\alpha_1|+|\alpha_2|$ 成立.

若 $|\alpha_1+\alpha_2|=|\alpha_1|+|\alpha_2|$,两边同除以 $|\alpha_2|$,得

$$\left|\frac{\alpha_1}{\alpha_2}+1\right|=\left|\frac{\alpha_1}{\alpha_2}\right|+1$$

即

$$|\alpha_1\overline{\alpha}_2+\alpha_2\overline{\alpha}_2|=|\alpha_1\overline{\alpha}_2|+|\alpha_2\overline{\alpha}_2|$$

由于 $\alpha_2\overline{\alpha}_2=|\alpha_2|^2$,故上式变为

$$|\alpha_1\overline{\alpha}_2+|\alpha_2|^2|=|\alpha_1\overline{\alpha}_2|+|\alpha_2|^2$$

上式表明:和的模等于模的和,即两数在由原点出发的同一射线上,所以可由一个数是正实数,断定另一个数也是正实数.所以 $\alpha_1\overline{\alpha}_2\geqslant 0$.

反之,若 $\frac{\alpha_1}{\alpha_2}\geqslant 0$,则

$$\left|\frac{\alpha_1}{\alpha_2}+1\right|=\frac{\alpha_1}{\alpha_2}+1=\left|\frac{\alpha_1}{\alpha_2}\right|+1$$

两端同乘以 $|\alpha_2|$,得

$$|\alpha_2|\left|\frac{\alpha_1}{\alpha_2}+1\right|=|\alpha_2|\left(\frac{|\alpha_1|}{|\alpha_2|}+1\right)$$

$$\left|\alpha_2\left(\frac{\alpha_1}{\alpha_2}+1\right)\right|=|\alpha_1+\alpha_2|=|\alpha_1|+|\alpha_2|$$

② 一般情况:对于任意下标 i,j,不妨仍设为 $1,2$,若

$$|\alpha_1|+|\alpha_2|+\cdots+|\alpha_n|=|\alpha_1+\alpha_2+\cdots+\alpha_n|=$$
$$|(\alpha_1+\alpha_2)+\cdots+\alpha_n|\leqslant|\alpha_1+\alpha_2|+|\alpha_3|+\cdots+|\alpha_n|\leqslant$$

$$|\alpha_1|+|\alpha_2|+\cdots+|\alpha_n|$$

由上式可知 $|\alpha_1+\alpha_2|=|\alpha_1|+|\alpha_2|$，若 $\alpha_2\neq 0$，由情形①之证明知$\frac{\alpha_1}{\alpha_2}\geqslant 0$，但由于下标的任意性，得

$$\frac{\alpha_i}{\alpha_j}\geqslant 0\quad(i,j=1,2,\cdots,n)$$

反之，假设 $\alpha_1\neq 0$，则

$$|\alpha_1+\alpha_2+\cdots+\alpha_n|=|\alpha_1|\left|1+\frac{\alpha_2}{\alpha_1}+\cdots+\frac{\alpha_n}{\alpha_1}\right|$$

由于$\frac{\alpha_i}{\alpha_j}\geqslant 0(i,j=1,2,\cdots,n)$，故

$$\begin{aligned}|\alpha_1+\alpha_2+\cdots+\alpha_n|=|\alpha_1|\left(1+\frac{\alpha_2}{\alpha_1}+\cdots+\frac{\alpha_n}{\alpha_1}\right)=\\|\alpha_1|\left(1+\left|\frac{\alpha_2}{\alpha_1}\right|+\cdots+\left|\frac{\alpha_n}{\alpha_1}\right|\right)=\\|\alpha_1|+|\alpha_2|+\cdots+|\alpha_n|\end{aligned}$$

29 证明：若 z 是实系数方程

$$f(w)=a_0w^n+a_1w^{n-1}+a_2w^{n-2}+\cdots+a_n=0$$

的根，则 $\bar{z}$ 也是其根（即实多项式的零点成对出现. 这一结果为欧拉(Euler)和中国的李锐等发现）.

证法一　首先，对任何自然数 n 有$(\overline{z^n})=\bar{z}^n$. 其次，由共轭的定义可知，当 a_j 为实数时，$\bar{a}_j=a_j$；反之亦真. 因为 z 是方程 $a_0w^n+a_1w^{n-1}+a_2w^{n-2}+\cdots+a_n=0$ 的根，所以

$$a_0z^n+a_1z^{n-1}+a_2z^{n-2}+\cdots+a_n=0$$

对上式两端同取共轭运算（注意 $\bar{0}=0$），得

$$\overline{a_0z^n+a_1z^{n-1}+a_2z^{n-2}+\cdots+a_n}=0$$

由此，即得

$$a_0\bar{z}^n+a_1\bar{z}^{n-1}+a_2\bar{z}^{n-2}+\cdots+a_n=0$$

这表明 $\bar{z}$ 是 $a_0w^n+a_1w^{n-1}+a_2w^{n-2}+\cdots+a_n=0$ 的根. 证毕.

证法二　设 $z=a+bi$ 为整有理实系数方程 $f(w)=0$ 的一个根，则由因式分解定理得

$$f(w)=[w-(a+bi)]Q(w)$$

把 $Q(w)$ 分成实部与虚部得

$$f(w)=[w-(a+b\mathrm{i})][F(w)+\mathrm{i}G(w)]$$

因 $f(w)$ 的系数为实,故虚部应为 0,即

$$wG(w)-aG(w)-bF(w)=0$$

所以

$$F(w)=\frac{(w-a)G(w)}{b}$$

因此

$$f(w)=[w-(a+b\mathrm{i})]\left[\frac{(w-a)G(w)}{b}+\mathrm{i}G(w)\right]=$$

$$[w-(a+b\mathrm{i})]\left[\frac{w-(a-b\mathrm{i})}{b}\right]G(w)$$

所以

$$f(a-b\mathrm{i})=0$$

30 复数 α 的 n 次根的所有值,都可以从它的某一个值乘上所有 n 次单位根来得出.

证 设 β 是数 α 的 n 次根的某一个值,也就是 $\beta^n=\alpha$,而 ε 是任何一个 n 次单位根

$$\sqrt[n]{1}=\cos\frac{2k\pi}{n}+\mathrm{i}\sin\frac{2k\pi}{n}\quad(k=0,1,\cdots,n-1)$$

也就是 $\varepsilon^n=1$. 则 $(\beta n)^n=\beta^n\varepsilon^n=\alpha$.

所以 $\beta\varepsilon$ 是 $\sqrt[n]{\alpha}$ 的一个值.

用 n 次单位根的每一个值来乘 β,可得出 α 的 n 次根的 n 个不同的值,也就是这个根的所有的值.

例如:数 -8 的立方根的一个值是 -2,则其他两个根是 $-2\varepsilon_1=1-\mathrm{i}\sqrt{3}$ 和 $-2\varepsilon_2=1+\mathrm{i}\sqrt{3}$ $\left(\varepsilon_1=\cos\frac{2\pi}{3}+\mathrm{i}\sin\frac{2\pi}{3}=-\frac{1}{2}+\mathrm{i}\frac{\sqrt{3}}{2},\varepsilon_2=\cos\frac{4\pi}{3}+\mathrm{i}\sin\frac{4\pi}{3}=-\frac{1}{2}-\mathrm{i}\frac{\sqrt{3}}{2}\right)$.

31 已知 $x^2+x+1=0$. 求 $x^{11}+x^7+x^3$ 的值.

解 因

$$x^3+x+1=0$$

有

$$x^3-1=(x-1)(x^2+x+1)=0$$

即 $x^3=1$,从而

$$x^{11}=x^2, x^7=x, x^3=1$$

因此得

$$x^{11}+x^7+x^3=x^2+x+1=0$$

32 设 w 是任意一个不等于1的 n 次单位根.求 $1+w+w^2+\cdots+w^{n-1}$ 的值.

解 因为 $w^n=1$,所以

$$1+w+w^2+\cdots+w^{n-1}=\frac{1-w^n}{1-w}=0$$

33 设 n,m 是单位根使

$$an+bm+c=0 \quad (n^2\neq 1, m^2\neq 1)$$

这里 a,b,c 是非零整数,证明仅可能由 $a=b=c, n=\omega, m=\omega^2, \omega^2+\omega+1=0$ 给出.

证 我们有

$$-an=bm+c$$

与

$$-a\bar{n}=b\bar{m}+c$$

这两个表示式相乘,注意 $\bar{n}=n^{-1}, \bar{m}=m^{-1}$,因为它们是单位根

$$a^2=b^2+c^2+bc(m+m^{-1})$$

因 $bc\neq 0$,我们得结论 $m+m^{-1}=u=$ 有理数,且 $m^2-um+1=0$.因此 m 在有理数上是二次的,若 m 是 h 次本原单位根,则 h 只可能取1,2,3,4,6.由假设 $h\neq 1, h\neq 2$,我们排除 $h=4$.因若 $n=\mathrm{i}, \mathrm{i}^2=-1$,则 n 是在域 $Q(\mathrm{i})$ 里的单位根,使得 $n=\pm\mathrm{i}$,但 $a(\pm\mathrm{i})+b\mathrm{i}+c\neq 0$,这样就剩下两种情形

$$\omega^2+\omega+1=0, \quad (-\omega)^2+(-1)(-\omega)+1=0$$

这里 ω 是本原单位立方根,$-\omega$ 是本原六次根,这就给出希望的结果(具有通常的交替 $a=-b=c, n=\omega^2, m=\omega$).

注 1的 n 次根(共 n 个)通称 n 次单位根,它们是

$$\sqrt[n]{1}=\cos\frac{2k\pi}{n}+\mathrm{i}\sin\frac{2k\pi}{n} \quad (k=0,1,\cdots,n-1)$$

显然,两个 n 次单位根的乘积仍是一个 n 次单位根(因若 $\varepsilon^n=1$ 与 $\eta^n=1$,则 $(\varepsilon\eta)^n=\varepsilon^n\eta^n=1$).又 n 次单位根的倒数也是 n 次单位根(因设 $\varepsilon^n=1$,则从 $\varepsilon\cdot$

$\varepsilon^{-1}=1$ 得出 $\varepsilon^n\cdot(\varepsilon^{-1})^n=1$,即$(\varepsilon^{-1})^n=1)$.因此普遍地说,每一个 n 次单位根的乘方都是 n 次单位根.而且,对于 k 的任何倍数 l,每一个 k 次单位根必定也是一个 l 次单位根.

但对所有 n 次单位根来说,设 m 为 n 的约数(因子),其中有的单位根可能是 m 次单位根.当一个 n 次单位根,它不是一个低次的单位根时,称它为一个 n 次单位原根(本原单位根),如

$$\varepsilon_1=\cos\frac{2\pi}{n}+\mathrm{i}\sin\frac{2\pi}{n}$$

则

$$\varepsilon_1^k=\cos\frac{2k\pi}{n}+\mathrm{i}\sin\frac{2k\pi}{n}=\varepsilon_k$$

故 ε_1 的小于 n 的每一个乘方都不能等于 1,于是 ε_1 是一个 n 次单位原根.

ε 是一个 n 次单位原根的充要条件是 $\varepsilon^k(k=0,1,\cdots,n)$ 互不相等,即得出所有的 n 次单位根时,ε 才是 n 次单位原根.

事实上,因在 $0\leqslant k<l\leqslant n-1$ 时,若 $\varepsilon^k=\varepsilon^l$,则 $\varepsilon^{l-k}=1$,于是从 $1\leqslant l-k\leqslant n-1$ 知 ε 不是一个原根.反之设 ε 的 k 乘方$(k=0,1,\cdots,n-1)$各不相同,则 ε 是一个 n 次单位原根.

若 ε 是一个 n 次单位原根,则当且仅当 k 与 n 互质时,ε^k 才是 n 次单位原根.

因设$(n,k)=d$,若 $d>1$,则有

$$k=dk',n=dn'$$

此时

$$(\varepsilon^k)^{n'}=\varepsilon^{kn'}=\varepsilon^{k'n}=(\varepsilon^n)^{k'}=1$$

于是 ε^k 是一个 n 次单位根.

另一方面,设 $d=1$,且同时设 ε^k 是 m 次单位根,而 $1\leqslant m<n$,则

$$(\varepsilon^k)^m=\varepsilon^{km}=1$$

因假设 ε 是 n 次单位原根,就是说只在它的幂次是 n 的倍数时才能等于1,所以 km 是 n 的倍数.但因 $1\leqslant m<n$,故可推知 k 和 n 不能互质,与所设不合,于是 ε^k 是 n 次单位原根.

由此,n 次单位原根的个数等于比 n 小且和 n 互质的正整数的个数.

34 设 m 为正整数,且由$(1+\mathrm{i}x)^m=f(x)+\mathrm{i}g(x)$定义实多项式 $f(x)$ 与 $g(x)$,证明对任意实数 a 与 b,多项式 $af(x)+bg(x)$ 仅有实根.

证　假设 $z=c+\mathrm{i}d$，$d\neq 0$，与 $\bar{z}$ 为 $f(x)-kg(x)=0$ 的解，这里 $k=-\dfrac{b}{a}$，则

$$g(x)=(k+\mathrm{i})^{-1}(1+\mathrm{i}x)^{m} \tag{1}$$

把式(1)代入 $|g(z)|=|\overline{g(\bar{z})}|$ 中，因 k 为实，由此得出

$$|1+\mathrm{i}z|=|1-\mathrm{i}z|$$

但这蕴含 $d=0$，与假设不符.

别证　方程 $af+bg=0$ 可以写为形式

$$(a+\mathrm{i}b)(1+\mathrm{i}x)^{m}+(a-\mathrm{i}b)(1-\mathrm{i}x)^{m}=0$$

若 a 与 b 不同为零，设 $a+\mathrm{i}b=re^{\mathrm{i}\theta}$，对非零实数 r 与实数 θ，则 $\dfrac{(1+\mathrm{i}x)^{m}}{(1-\mathrm{i}x)^{m}}=e^{2\mathrm{i}\theta}$. 所以 $\dfrac{1+\mathrm{i}x}{1-\mathrm{i}x}=e^{\mathrm{i}\phi}$. 若 $\phi=\dfrac{2\theta+2\pi k}{m}$ 对某个整数 k，得出 $x=\tan\left(\dfrac{\phi}{2}\right)$ 是实数，若 a 与 b 同为零，提出的论断显然是错误的.

35 证明：$(1-\omega+\omega^{2})(1-\omega^{2}+\omega^{4})(1-\omega^{4}+\omega^{8})\cdots$（至 $2n$ 个因数）$=2^{2n}$.

证　原式 $=\dfrac{\omega^{3}+1}{\omega+1}\cdot\dfrac{\omega^{6}+1}{\omega^{2}+1}\cdot\dfrac{\omega^{12}+1}{\omega^{4}+1}\cdots$（至 $2n$ 个因子）

$$=\frac{2}{-\omega^{2}}\cdot\frac{2}{-\omega}\cdot\frac{2}{-\omega^{2}}\cdots\text{（至 }2n\text{ 个因子）}$$

$$=\frac{2^{2n}}{(\omega^{3})^{n}}=\frac{2^{2n}}{1}=2^{2n}\quad\left(\omega=-\frac{1}{2}\pm\frac{\sqrt{3}}{2}\mathrm{i}\right)$$

36 若 z_1,z_2,z_3 是模为 1 的相异复数，且

$$\begin{vmatrix}1 & 1 & 1\\ z_1^{m} & z_2^{m} & z_3^{m}\\ z_1^{n} & z_2^{n} & z_3^{n}\end{vmatrix}=0$$

则不是两列就是两行成比例.

证　行列式为零隐含存在三个不全为零的数 α,β,γ 使

$$\begin{cases}\alpha+\beta+\gamma=0\\ \alpha z_1^{m}+\beta z_2^{m}+\gamma z_3^{m}=0\\ \alpha z_1^{n}+\beta z_2^{n}+\gamma z_3^{n}=0\end{cases} \tag{1}$$

若 $\alpha=0$，则 $\beta=-\gamma$，且第二行与第三列恒等，对 $\beta=0$ 或 $\gamma=0$ 时类似，因此我们

可设 $\alpha=-1,\beta+\gamma=1,\beta\gamma\neq0$，则式(1)简化为式(2)

$$z_1^m=\beta z_2^m+(1-\beta)z_3^m,\quad z_1^n=\beta z_2^n+(1-\beta)z_3^n \tag{2}$$

于是

$$\begin{aligned}z_1^m=z_2^m=\beta(z_2^m-z_3^m)\\ z_1^n=z_2^n=\beta(z_2^n-z_3^n)\end{aligned} \tag{3}$$

$|z_i|=1$，且取共轭，我们得

$$\begin{aligned}z_2^m(z_1^m-z_2^m)=\bar{\beta}z_1^m(z_2^m-z_3^m)\\ z_2^n(z_1^n-z_2^n)=\bar{\beta}z_1^n(z_2^n-z_3^n)\end{aligned} \tag{4}$$

若 $z_2^m-z_3^m=0$，则 $z_1^m-z_3^m=0$，见第二行与第一行成比例；若 $z_2^n-z_3^n=0$，则同样，因此比较式(3)与(4)产生 $z_2^m\beta=\bar{\beta}z_1^m$，$z_2^n\beta=\bar{\beta}z_1^n$，使得 $z_1^{m-n}=z_2^{m-n}$.

完全一样地，若我们解式(2)对 $1-\beta$ 成立，则将得到 $z_1^{m-n}=z_3^{m-n}$，因此若置 $\lambda=z_1^{m-n}=z_2^{m-n}=z_3^{m-n}$，则明显地第二行与第三行成比例.

注　由本题可导出如下一个有趣的论断：

若三项方程 $z^n+az^m+b=0(1\leqslant m<n$ 是整数，$ab\neq0)$ 有三个相异根在 $|z|=1$ 时成立，则 m 与 n 有一个公因子.

37 若 A 与 B 为复数集，设 $B-1=\{b-1:b\in B\}$，$a(B-1)=\{a(b-1):b\in B\}$，且 $A*B=\bigcap\{a(B-1):a\in A\}$，假设 $A=\{z:|z-1|\leqslant k\}$，这里 $k>1$，而且 $B=\{z:|z|\geqslant1\}$，求 $A*B$.

解　因

$$0\in A,A*B\subset0(B-1)=\{0\}$$

另一方面，$0\in a(B-1)$ 对所有的 a 成立，因为 $0\in B-1$，因此 $A*B=\{0\}$.

38 证明：当 n 为3的倍数时，$\left(\frac{-1+\sqrt{3}\mathrm{i}}{2}\right)^n+\left(\frac{-1-\sqrt{3}\mathrm{i}}{2}\right)^n$ 等于2；当 n 不是3的倍数时，$\left(\frac{-1+\sqrt{3}\mathrm{i}}{2}\right)^n+\left(\frac{-1-\sqrt{3}\mathrm{i}}{2}\right)^n$ 等于 -1.

证　因

$$\alpha^3=\left(\frac{-1+\sqrt{3}\mathrm{i}}{2}\right)^3=1$$

$$\bar{\alpha}^3=\left(\frac{-1-\sqrt{3}\mathrm{i}}{2}\right)^3=1$$

所以

$$\alpha^{3k}=(\alpha^3)^k=1,\quad \bar{\alpha}^{3k}=(\bar{\alpha}^3)^k=1$$
$$\alpha^{3k+1}=\alpha^{3k}\alpha=\alpha,\quad \bar{\alpha}^{3k+1}=\bar{\alpha}^{3k}\bar{\alpha}=\bar{\alpha}$$
$$\alpha^{3k-1}=\alpha^{-1}=\bar{\alpha},\quad \bar{\alpha}^{3k-1}=\bar{\alpha}^{-1}=\alpha$$

故所证成立.

39 若 $z^2=(\bar{z})^2$,则 z 为实数或纯虚数.

证 由 $z^2=(\bar{z})^2$,得 $z=\bar{z}$ 或 $z=-\bar{z}$.

于是得

$$\mathrm{Im}(z)=\frac{z-\bar{z}}{2}=0$$

或

$$\mathrm{Re}(z)=\frac{z+\bar{z}}{2}=0$$

40 若 $z+\dfrac{1}{z}=2\cos\theta$,则 $z^m+\dfrac{1}{z^m}=2\cos m\theta$.

证 由

$$z+\frac{1}{z}=2\cos\theta$$

得

$$(z-\cos\theta)^2=\cos^2\theta-1=-\sin^2\theta$$

所以

$$z=\cos\theta\pm\mathrm{i}\sin\theta$$

而

$$\frac{1}{z}=\cos\theta\mp\mathrm{i}\sin\theta$$

于是

$$z^m=(\cos\theta\pm\mathrm{i}\sin\theta)^m=\cos m\theta\pm\mathrm{i}\sin m\theta$$
$$\frac{1}{z^m}=\left(\frac{1}{z}\right)^m=\cos m\theta\mp\mathrm{i}\sin m\theta$$

所以

$$z^m+\frac{1}{z^m}=2\cos m\theta$$

41 把 $z=1-\cos\alpha+\mathrm{i}\sin\alpha,0\leqslant\alpha\leqslant\pi$ 化为三角式.

解 因

$$x=1-\cos\alpha\geqslant 0, y=\sin\alpha\geqslant 0\quad(0\leqslant\alpha\leqslant\pi)$$

所以 $z=x+\mathrm{i}y$ 在第一象限

$$|z|=\sqrt{(1-\cos\alpha)^2+\sin^2\alpha}=\sqrt{2-2\cos\alpha}=2\sin\frac{\alpha}{2}$$

$$\cos\phi=\frac{1-\cos\alpha}{2\sin\frac{\alpha}{2}}=\sin\frac{\alpha}{2}$$

$$\sin\phi=\frac{\sin\alpha}{2\sin\frac{\alpha}{2}}=\cos\frac{\alpha}{2}$$

由于 $0\leqslant\frac{\alpha}{2}\leqslant\frac{\pi}{2}$,所以可取 $\phi=\frac{\pi}{2}-\frac{\alpha}{2}$. 所以

$$z=2\sin\frac{\alpha}{2}\left(\cos\frac{\pi-\alpha}{2}+\mathrm{i}\sin\frac{\pi-\alpha}{2}\right)$$

42 设 p 及 q 为两个互质的整数,试证 $(\sqrt[q]{z})^p$ 与 $\sqrt[q]{z^p}$ 二式相当,若 p 与 q 有一最大公约数 $d(d>1)$,则如何?

证 设 $z=\rho(\cos\omega+\mathrm{i}\sin\omega)$. 则

$$(\sqrt[q]{z})^p=\rho^{\frac{p}{q}}\left[\cos\frac{p\omega+2pk\pi}{q}+\mathrm{i}\sin\frac{p\omega+2pk\pi}{q}\right]$$

$$(k=0,1,2,\cdots,q-1)\tag{1}$$

又

$$\sqrt[q]{z^p}=\sqrt[q]{\rho^p(\cos p\omega+\mathrm{i}\sin p\omega)}=$$

$$\rho^{\frac{p}{q}}\left[\cos\left(\frac{p\omega}{q}+\frac{2k'\pi}{q}\right)+\mathrm{i}\sin\left(\frac{p\omega}{q}+\frac{2k'\pi}{q}\right)\right]$$

$$(k'=0,1,2,\cdots,q-1)\tag{2}$$

式(1) 的各值的辐角为

$$p\frac{\omega}{q},p\frac{\omega+2\pi}{q},\cdots,p\frac{\omega+2(q-1)\pi}{q}\tag{3}$$

式(2) 的各值的辐角为

$$\frac{p\omega}{q},\frac{p\omega+2\pi}{q},\cdots,\frac{p\omega+2(q-1)\pi}{q}\tag{4}$$

当 p,q 互质时,(3) 与(4) 两个数集一致,故相当 $(p,q)=d(d>1)$,则

$$\frac{p}{q}=\frac{p'd}{q'd}=\frac{p'}{q'}$$

而$(p',q')=1$.

则$(\sqrt[q]{z})^p$与$\sqrt[q]{z^p}$的各值的模同为$\rho^{\frac{p'}{q'}}$,但辐角分别为$\frac{p'\omega}{q'}+\frac{2p'k\pi}{q'}$与$\frac{p'\omega}{q'}+\frac{2k'\pi}{q'd}=\frac{p'd\omega+2k'\pi}{q}$,故此时(3)与(4)两数集不一致,$\sqrt[q]{z^p}$比$(\sqrt[q]{z})^p$多$q-q'$个值,于是不相当.

43 设$\alpha=a+bi$,证明α^4只有当$a=0$或$b=0$或$a=\pm b$时才是实数,当$a=\pm(1\pm\sqrt{2})b$四关系之一成立时才是纯虚数.

证 $\alpha=a+bi$,则

$$\alpha^4=a^4+b^4-6a^2b^2+4ab(a^2-b^2)i$$

所以当

$$ab(a^2-b^2)=0$$

时为实数.

即$a=0$或$b=0$或$a=\pm b$时,α^4为实数.

又当

$$a^4+b^4-6a^2b^2=0$$

即

$$a^2=3b^2\pm2\sqrt{2}b^2$$

$$a=\pm\sqrt{3\pm2\sqrt{2}}\,b=\pm(1\pm\sqrt{2})b$$

所以,当$a=\pm(1\pm\sqrt{2})b$四个关系之一成立时,α^4为纯虚数.

44 若两个非零复数的辐角的差不是π的整数倍时,则对任意复数z_3,由

$$z_3=az_1+bz_2$$

能决定唯一的一对实数.

证 设

$$z_k=x_k+iy_k\quad(k=1,2,3)$$

则

$$x_3+iy_3=(ax_1+bx_2)+i(ay_1+by_2)$$

所以有

$$\begin{cases}ax_1+bx_2=x_3\\ay_1+by_2=y_3\end{cases}\tag{1}$$

再设 $z_1=r_1e^{i\theta_1}$，$z_2=r_2e^{i\theta_2}$.

则可得

$$x_1y_2-x_2y_1=r_1r_2\cos\theta_1\sin\theta_2-r_1r_2\cos\theta_2\sin\theta_1=r_1r_2\sin(\theta_2-\theta_1)$$

依所设 $\theta_2-\theta_1\neq k\pi$，故 $\sin(\theta_2-\theta_1)\neq 0$，且 $r_1\neq 0$，$r_2\neq 0$. 于是 $x_1y_2-x_2y_1\neq 0$. 从而式(1)有唯一解

$$a=\frac{x_3y_2-x_2y_3}{x_1y_2-x_2y_1},\quad b=\frac{x_1y_3-x_3y_1}{x_1y_2-x_2y_1}$$

故题得证.

45 利用棣莫弗定理求平面上的坐标变换的旋转公式.

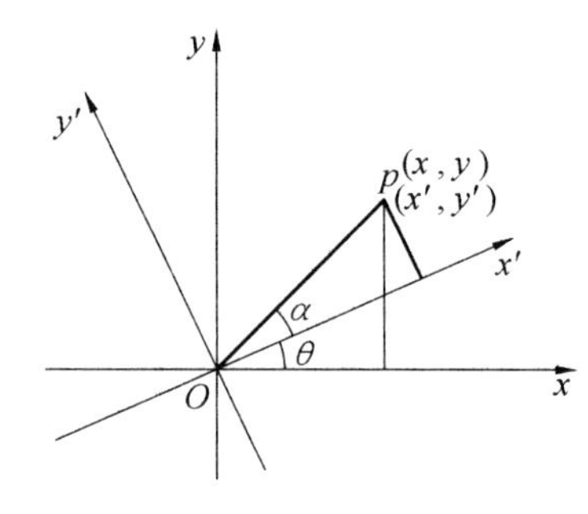

图 1.1

解 设点 P 关于坐标系 xOy 与 $x'Oy'$ 的坐标分别为 (x,y) 与 (x',y')，旋转角为 $\theta<90°$.

则由棣莫弗定理得

$$z=x+iy=r[\cos(\alpha+\theta)+i\sin(\alpha+\theta)]=r(\cos\alpha+i\sin\alpha)(\cos\theta+i\sin\theta)$$

又

$$z=x'+iy'=r(\cos\alpha+i\sin\alpha)$$

故有

$$z=(x'+iy')(\cos\theta+i\sin\theta)\tag{1}$$

比较实、虚部分得

$$\begin{cases}x=x'\cos\theta-y'\sin\theta\\ y=x'\sin\theta+y'\cos\theta\end{cases}$$

若用 $\cos\theta-i\sin\theta$ 乘式(1)的两边，并比较实、虚部分便得逆变换公式

$$\begin{cases}x'=x\cos\theta+y\sin\theta\\ y'=-x\sin\theta+y\cos\theta\end{cases}$$

46 若 $|n\arctan x|\leqslant\frac{\pi}{2}$，证明

$$n\arctan x=\arctan\frac{\mathrm{Im}(1+\mathrm{i}x)^n}{\mathrm{Re}(1+\mathrm{i}x)^n}$$

证 考虑复数 $z=1+\mathrm{i}x$.

我们有

$$\arg z=\arctan x$$

因此得

$$\arg z^n=n\arctan x$$

因

$$|n\arctan x|\leqslant\frac{\pi}{2}$$

故得需要的结果.

47 (1) 若 α 是一个单位根，它的实数部分是一个代数整数，则 $\alpha^4=1$.

(2) 证明存在一个模为 1，不是单位根的代数整数.

证 (1) 设 α 是一个单位根，而不是四次单位根，令

$$\beta=\mathrm{Re}(\alpha)=\frac{1}{2}(\alpha+\alpha^{-1})$$

若与 α 相配的数是 $\alpha_1=\alpha,\alpha_2,\cdots,\alpha_k$，与 β 相配的数是相异的

$$\frac{1}{2}(\alpha_1+\alpha_1^{-1})=\mathrm{Re}(\alpha_1)$$

$$\frac{1}{2}(\alpha_2+\alpha_2^{-1})=\mathrm{Re}(\alpha_2)$$

$$\vdots$$

$$\frac{1}{2}(\alpha_k+\alpha_k^{-1})=\mathrm{Re}(\alpha_k)$$

因 $\alpha_1,\alpha_2,\cdots,\alpha_k$ 是单位根，但不是四次单位根.

我们有

$$0<|\mathrm{Re}(\alpha_j)|<1\quad(j=1,2,\cdots,k)$$

因此与 β 相配的数的乘积严格的在 0 与 1 之间，所以不是一个有理整数，于是 β 不是代数整数.

(2) 数$\sqrt{2}-1+\mathrm{i}\sqrt{2\sqrt{2}-2}$(这里所有平方根取标准的正值). 绝对值(模)为 1,它满足方程$(x+1)^4=8x^2$,且不满足情形(1).

48 证明方程 $f(z)=a_0z^n+a_1z^{n-1}+\cdots+a_n=0(a_0\neq 0)$ 的虚根出现共轭对的充要条件是所有系数 $a_0,a_1,\cdots,a_n$ 在复平面上一条过原点的直线上.

证 设系数在一条过原点的公共直线 $\theta=\theta_1$ 上,则系数在极坐标形式写法下产生一个因子 $\mathrm{e}^{\mathrm{i}\theta_1}$,消去这个因子后,方程的系数全为实的,因而虚根必出现共轭对.

设虚根出现共轭对,则某一实系数方程能以这些数为其根,而任何另外的方程以同样的数为其根,必仅与之相差常数因子,这些新系数必位于过原点的公共直线上.

49 对什么样的实数值 A,方程 $z^3-z^2+A=0$ 的所有根服从 $|z|\leqslant 1$?

解 实函数 $A=x^2-x^3$ 的图形有一个相对极大在$\left(\frac{2}{3},\frac{4}{27}\right)$,一个相对极小在$(0,0)$,且通过点$(-1,2)$,$\left(-\frac{1}{3},\frac{4}{27}\right)$,$(1,0)$. 由这个图形我们得出涉及方程 $z^3-z^2+A=0$ 的根的结论:

(1) 若 $A<0$ 或 $A>2$,则有一个实根绝对值大于 1.

(2) 若 $0\leqslant A\leqslant\frac{4}{27}$,则所有的根是实的且在 $-\frac{1}{3}$ 与 1 之间.

(3) 若$\frac{4}{27}<A\leqslant 2$,则有一个在 -1 与 $-\frac{1}{3}$ 之间的实根和两个虚根. 为了探究虚根,设 r 为实根,则 $A=r^2-r^3$,且使方程降低为

$$z^2+(r-1)z+r^2-r=0$$

具有根

$$z=\frac{1-r\pm\sqrt{1+2r-3r^2}}{2}$$

对 $-1\leqslant r<-\frac{1}{3}$,被开方数为负,且 $|z|^2=r^2-r$,条件 $|z|\leqslant 1$ 产生 $r^2-r\leqslant 1$,因此

$$\frac{1-\sqrt{5}}{2}\leqslant r<-\frac{1}{3}$$

最后若 $z=\frac{1-\sqrt{5}}{2}$，则 $A=\frac{\sqrt{5}-1}{2}$.

由结论(1)，(2)，(3)，我们得方程 $z^3-z^2+A=0$ 的所有根的绝对值小于或等于 1 的充要条件是 $0\leqslant A\leqslant\frac{\sqrt{5}-1}{2}$.

50 **设 $f(z)\equiv z^n+a_1z^{n-1}+\cdots+a_{n-1}z+a_n$($a_i$ 为实数，$a_n=\pm1$)，则 f 在单位圆外的根的乘积小于 $\sqrt{1+a_1^2+a_2^2+\cdots+a_n^2}$.**

证 设 $f(z)=\prod_{k=1}^{n}(z-z_k)$，当 $k\leqslant r$ 时，$|z_k|>1$；当 $k>r$ 时，$|z_k|\leqslant 1$.

令

$$f_1(z)=\prod_{k=1}^{r}(z-z_k)=z^r+b_1z^{r-1}+\cdots+b_r$$

b_i 是实的，因为与任何 z_k 相共轭的数也是 f_1 的根，且 $b_r=(-1)^r\prod_{k=1}^{r}z_k$. 下面的函数确定如下

$$f_2(z)=\prod_{k=r+1}^{n}(z-z_k)=z^{n-r}+\cdots\pm\frac{1}{b_r}$$

$$g_1(z)=\prod_{k=1}^{r}\left(z-\frac{1}{z_k}\right)=\frac{(-1)^rz^r\prod_{k=1}^{r}\left(\frac{1}{z}-z_k\right)}{\prod_{k=1}^{r}z_k}=$$

$$\frac{z^r}{b^r}f_1\left(\frac{1}{z}\right)=z^r+\cdots+\frac{1}{b_r}$$

$$g_2(z)=\prod_{k=r+1}^{n}\left(z-\frac{1}{z_k}\right)=z^{n-r}+\cdots\pm b_r$$

$$g(z)=g_1(z)g_2(z)=z^n+\frac{a_{n-1}}{a_n}z^{n-1}+\cdots+\frac{a_1}{a_n}z+\frac{1}{a_n}$$

$$A(z)=f_1(z)g_2(z)=z^n+c_1z^{n-1}+\cdots+c_n\quad(c_n=\pm b_r^2)$$

$$B(z)=f_2(z)g_1(z)=z^n+\frac{c_{n-1}}{c_n}z^{n-1}+\cdots+\frac{c_1}{c_n}z+\frac{1}{c_n}$$

因此

$$A(z)\cdot B(z)=f(z)\cdot g(z)$$

两个乘积中 z^n 的系数给出

$$\frac{1+c_1^2+\cdots+c_n^2}{c_n}=\frac{1+a_1^2+\cdots+a_n^2}{a_n}$$

因而

$$|c_n|=b_r^2<1+\cdots+a_n^2$$

$$|b_r|=\prod_{k=1}^{r}|z_k|<(1+\cdots+a_n^2)^{\frac{1}{2}}$$

例如：$z^n\pm z^{n-1}\pm\cdots\pm z\pm 1=0$ 在单位圆外的根的乘积小于$\sqrt{n+1}$.

51 对 $n\geqslant 1$，设 S_n 是形如 $p(z)=z^n+a_{n-1}z^{n-1}+\cdots+a_1z+1$ 的多项式之集，这里 $a_1,a_2,\cdots,a_{n-1}$ 取自复数集，求 $M_n=\min\limits_{p\in S_n}(\max\limits_{|z|=1}|p(z)|)$ 的值.

解 我们证明 $M_n=2$，对 $n\geqslant 1$，有

$$M_n\leqslant\max_{|z|=1}|z^n+1|=2$$

若 $M_n<2$，对某个 n，则有一个 $p(z)=z^n+a_{n-1}z^{n-1}+\cdots+a_1z+1$，使

$$\max_{|z|=1}|p(z)|<2$$

在此 $-2<\mathrm{Re}\,p(z)<2$，n 次单位根给出

$$r=\cos\frac{2\pi}{n}+\mathrm{i}\sin\frac{2\pi}{n}\quad(r^2,\cdots,r^n=1)$$

把不等式相加，我们得

$$-2n>\mathrm{Re}\sum_{k=1}^{n}p(r^k)<2n$$

由于$\sum\limits_{k=1}^{n}p(r^k)=2n$，故得矛盾.

52 证明：对二项式系数的如下三角表示

$$\frac{N!}{\left(\frac{N+x}{2}\right)!\left(\frac{N-x}{2}\right)!}=\frac{2^N}{N}\sum_{m=1}^{N}\left(\cos\frac{m\pi}{N}\right)^N\cos\frac{m\pi x}{N}\quad(-N<x<N)$$

证 令 $w=\mathrm{e}^{\frac{\pi\mathrm{i}}{N}}$，则右边变为

$$\frac{1}{2N}\sum_{n=1}^{N}(w^n+w^{-n})^N(w^{nx}+w^{-nx})=$$

$$\frac{1}{2N}\sum_{n=1}^{N}\sum_{k=0}^{N}\binom{N}{k}w^{n(N-2k)}(w^{nx}+w^{-nx})=$$

$$\frac{1}{2N}\sum_{k=0}^{N}\binom{N}{k}\sum_{n=1}^{N}(w^{n(N-2k+x)}+w^{n(N-2k-x)}) \tag{1}$$

因 $-N<x<N$,我们有

$$\sum_{n=1}^{N}w^{n(N-2k+x)}=0 \tag{2}$$

除非 $N-2k+x=0$,此时式(2) 的和为 N. 类似地

$$\sum_{n=1}^{N}w^{n(N-2k-x)}=0\quad(-N<x<N) \tag{3}$$

除非 $k=\dfrac{N-x}{2}$,且式(3) 之和也是 N,因此式(1) 变为

$$\frac{1}{2N}\left[N\begin{pmatrix}N\\ \frac{N+x}{2}\end{pmatrix}+N\begin{pmatrix}N\\ \frac{N-x}{2}\end{pmatrix}\right]=\frac{N!}{\left(\frac{N+x}{2}\right)!\left(\frac{N-x}{2}\right)!}$$

另证　令 $w=\mathrm{e}^{\frac{2\pi i}{N}}$,且由二项式定理我们就依次得到展开式

$$(1+w)^N=\binom{N}{0}+\binom{N}{1}w+\binom{N}{2}w^2+\cdots+\binom{N}{N}w^N$$

$$(1+w^2)^N=\binom{N}{0}+\binom{N}{1}w^2+\binom{N}{2}w^4+\cdots+\binom{N}{N}w^{2N}$$

$$\vdots$$

$$(1+w^N)^N=\binom{N}{0}+\binom{N}{1}w^N+\binom{N}{2}w^{2N}+\cdots+\binom{N}{N}w^{N^2}$$

分别用 $w^{-r},w^{-2r},\cdots,w^{-Nr}$ 去乘,并相加,这里 r 是一个整数,$0<r<N$,有

$$\sum_{m=1}^{N}(1+w^m)^N w^{-rm}=N\left[\binom{N}{0}+\binom{N}{N+r}+\cdots\right]=N\binom{N}{r}$$

另一方面

$$\sum_{m=1}^{N}(1+w^m)^N w^{-rm}=\sum_{m=0}^{N}(w^{\frac{m}{2}}+w^{-\frac{m}{2}})^N w^{\frac{m(N-2r)}{2}}=$$

$$\sum_{m=0}^{N}\left(2\cos\frac{m\pi}{N}\right)^N\left[\cos\frac{m(N-2r)\pi}{N}+i\sin\frac{m(N-2r)\pi}{N}\right]=$$

$$N\binom{N}{r}$$

比较实虚部分我们得

$$\binom{N}{r}=\frac{2^N}{N}\sum_{m=1}^{N}\left(\cos\frac{m\pi}{N}\right)^N\cos\frac{m(N-2r)\pi}{N}$$

让 $x=N-2r$,我们看出这就给出需要结果.

注 同样方法能够用来证明:若 $q<N$ 与 $0\leqslant r\leqslant q-1$,则

$$\binom{N}{r}+\binom{N}{q+r}+\binom{N}{2q+r}=\cdots=\frac{1}{q}\sum_{m=0}^{q-1}\left(2\cos\frac{m\pi}{q}\right)^N\cos\frac{m(N-r)\pi}{q}$$

这引导到有趣的特别情形

$$\binom{N}{0}+\binom{N}{3}+\binom{N}{6}+\cdots=\frac{1}{3}\left(2^N+2\cos\frac{N\pi}{3}\right)$$

$$\binom{N}{1}+\binom{N}{4}+\binom{N}{7}+\cdots=\frac{1}{3}\left(2^N+2\cos\frac{(N-2)\pi}{3}\right)$$

等等.

53 试证明复数形式的拉格朗日(Lagrange)恒等式

$$\left|\sum_{i=1}^{n}\alpha_i\beta_i\right|^2=\sum_{i=1}^{n}|\alpha_i|^2\cdot\sum_{i=1}^{n}|\beta_i|^2-\sum_{1\leqslant i\leqslant j\leqslant n}|\alpha_i\bar{\beta}_j-\alpha_j\bar{\beta}_i|^2$$

证法一

$$\left|\sum_{i=1}^{n}\alpha_i\beta_i\right|^2=\left(\sum_{i=1}^{n}\alpha_i\beta_i\right)\left(\sum_{i=1}^{n}\bar{\alpha}_i\bar{\beta}_i\right)\tag{1}$$

其中下标全同者共 n 项:$\alpha_i\beta_i\bar{\alpha}_i\bar{\beta}_i=|\alpha_i|^2|\beta_i|^2(i=1,2,\cdots,n)$;另一部分下标不全同者:$\alpha_i\beta_i\bar{\alpha}_j\bar{\beta}_j(i\neq j)$,共有 $n(n-1)$ 项.

$$\sum_{i=1}^{n}|\alpha_i|^2\cdot\sum_{i=1}^{n}|\beta_i|^2=\sum_{i=1}^{n}\alpha_i\bar{\alpha}_i\cdot\sum_{i=1}^{n}\beta_i\bar{\beta}_i\tag{2}$$

其中下标全同者共 n 项:$\alpha_i\bar{\alpha}_i\beta_i\bar{\beta}_i=|\alpha_i|^2|\beta_i|^2(i=1,2,\cdots,n)$;其中下标不全同者:$\alpha_i\bar{\alpha}_j\cdot\beta_j\bar{\beta}_i(i\neq j)$ 共有 $n(n-1)$ 项.

式(1) 减式(2),全同者消去;不全同者

$$\begin{aligned}&(\alpha_i\beta_i\bar{\alpha}_j\bar{\beta}_j+\alpha_j\beta_j\bar{\alpha}_i\bar{\beta}_i)-(\alpha_i\bar{\alpha}_i\beta_j\bar{\beta}_j+\alpha_j\bar{\alpha}_j\beta_i\bar{\beta}_i)=\\&\alpha_i\bar{\beta}_j(\beta_i\bar{\alpha}_j-\bar{\alpha}_i\beta_j)+\alpha_j\bar{\beta}_i(\beta_j\bar{\alpha}_i-\bar{\alpha}_j\beta_i)=\\&-(\alpha_i\bar{\beta}_j-\alpha_j\bar{\beta}_i)(\bar{\alpha}_i\beta_j-\bar{\alpha}_j\beta_i)=\\&-|\alpha_i\bar{\beta}_j-\alpha_j\bar{\beta}_i|^2\end{aligned}$$

所以

$$\left|\sum_{i=1}^{n}\alpha_i\beta_i\right|^2-\sum_{i=1}^{n}|\alpha_i|^2\cdot\sum_{i=1}^{n}|\beta_i|^2=$$

$$-\sum_{1\leqslant i\leqslant j\leqslant n}^{n} |\alpha_i\bar{\beta}_j-\alpha_j\bar{\beta}_i|^2$$

证法二 用数学归纳法：

当 $n=1$ 时

$$|\alpha_1|^2|\beta_1|^2-|\alpha_1\bar{\beta}_1-\alpha_1\bar{\beta}_1|=|\alpha_1|^2|\beta_1|^2=|\alpha_1\beta_1|^2$$

设 $n=k$ 时等式成立，则 $n=k+1$ 时，有

$$\left|\sum_{i=1}^{k+1}\alpha_i\beta_i\right|^2=\left|\sum_{i=1}^{k}\alpha_i\beta_i+\alpha_{k+1}\beta_{k+1}\right|^2=$$

$$\left(\sum_{i=1}^{k}\alpha_i\beta_i+\alpha_{k+1}\beta_{k+1}\right)\left(\sum_{i=1}^{k}\bar{\alpha}_i\bar{\beta}_i+\bar{\alpha}_{k+1}\bar{\beta}_{k+1}\right)=$$

$$\left|\sum_{i=1}^{k}\alpha_i\beta_i\right|^2+|\alpha_{k+1}|^2|\beta_{k+1}|^2+\alpha_{k+1}\beta_{k+1}\sum_{i=1}^{k}\bar{\alpha}_i\bar{\beta}_i+\bar{\alpha}_{k+1}\bar{\beta}_{k+1}\sum_{i=1}^{k}\alpha_i\beta_i$$

由归纳假设知

$$\left|\sum_{i=1}^{k}\alpha_i\beta_i\right|^2=\sum_{i=1}^{k}|\alpha_i|^2\cdot\sum_{i=1}^{k}|\beta_i|^2-\sum_{1\leqslant i\leqslant j\leqslant k}|\alpha_i\bar{\beta}_j-\alpha_j\bar{\beta}_i|^2$$

代入上式，得

$$\left|\sum_{i=1}^{k+1}\alpha_i\beta_i\right|^2=\sum_{i=1}^{k}|\alpha_i|^2\cdot\sum_{i=1}^{k}|\beta_i|^2-\sum_{1\leqslant i\leqslant j\leqslant k}|\alpha_i\bar{\beta}_j-\alpha_j\bar{\beta}_i|^2+$$

$$|\alpha_{k+1}|^2|\beta_{k+1}|^2+\alpha_{k+1}\beta_{k+1}\sum_{i=1}^{k}\bar{\alpha}_i\bar{\beta}_i+\bar{\alpha}_{k+1}\bar{\beta}_{k+1}\sum_{i=1}^{k}\alpha_i\beta_i=$$

$$\sum_{i=1}^{k}|\alpha_i|^2\cdot\sum_{i=1}^{k}|\beta_i|^2-\sum_{1\leqslant i\leqslant j\leqslant k}|\alpha_i\bar{\beta}_j-\alpha_j\bar{\beta}_i|^2+$$

$$|\alpha_{k+1}|^2\sum_{i=1}^{k}|\beta_i|^2+|\beta_{k+1}|^2\sum_{i=1}^{k}|\alpha_i|^2+$$

$$|\alpha_{k+1}|^2|\beta_{k+1}|^2+\alpha_{k+1}\beta_{k+1}\cdot\sum_{i=1}^{k}\bar{\alpha}_i\bar{\beta}_i+$$

$$\bar{\alpha}_{k+1}\bar{\beta}_{k+1}\sum_{i=1}^{k}\alpha_i\beta_i-|\alpha_{k+1}|^2\sum_{i=1}^{k}|\beta_i|^2-$$

$$|\beta_{k+1}|^2\sum_{i=1}^{k}|\alpha_i|^2=\sum_{i=1}^{k+1}|\alpha_i|^2\cdot\sum_{i=1}^{k+1}|\beta_i|^2-$$

$$\sum_{1\leqslant i\leqslant j\leqslant k}|\alpha_i\bar{\beta}_j-\alpha_j\bar{\beta}_i|^2-\sum_{i=1}^{k}(|\alpha_{k+1}|^2|\beta_i|^2+$$

$$|\beta_{k+1}|^2|\alpha_i|^2-\alpha_{k+1}\beta_{k+1}\bar{\alpha}_i\bar{\beta}_i-\bar{\alpha}_{k+1}\bar{\beta}_{k+1}\alpha_i\beta_i)=$$

$$\sum_{i=1}^{k+1}|\alpha_i|^2\cdot\sum_{i=1}^{k+1}|\beta_i|^2-\sum_{1\leqslant i\leqslant j\leqslant k}|\alpha_i\bar{\beta}_j-\alpha_j\bar{\beta}_i|^2-$$

$$\sum_{i=1}^{k}(\alpha_i\bar{\beta}_{k+1}-\alpha_{k+1}\bar{\beta}_i)(\bar{\alpha}_i\beta_{k+1}-\bar{\alpha}_{k+1}\beta_i)=$$
$$\sum_{i=1}^{k+1}|\alpha_i|^2\cdot\sum_{i=1}^{k+1}|\beta_i|^2-\sum_{1\leqslant i\leqslant j\leqslant k}|\alpha_i\bar{\beta}_j-\alpha_j\bar{\beta}_i|^2$$

即 $n=k+1$ 时,命题亦真,由数学归纳法知,对于任意的自然数 n,等式成立.

由前面诸题可知,在绝对值的计算中,公式 $|Z|^2=Z\cdot\bar{Z}$ 非常重要.

54 设数 $Z_k(k=1,2,\cdots,n)$ 不为 0,Z_k 的辐角 θ_k 满足同一不等式

$$\alpha<\theta_k<\beta,\quad \beta-\alpha<\pi \tag{1}$$

则

$$Z_1+Z_2+\cdots+Z_n\neq 0 \tag{2}$$

证法一 令 $Z'_k=Z_k\mathrm{e}^{-\mathrm{i}\alpha}(k=1,2,\cdots,n)$,则 Z'_k 的辐角 θ'_k 适合

$$0<\theta'_k=\theta_k-\alpha<\beta-\alpha<\pi$$

而 Z'_k 不为 0(因 Z_k 与 $\mathrm{e}^{\mathrm{i}\alpha}$ 均不为 0),故 $\mathrm{Im}(Z'_k)>0$. 因此

$$\mathrm{Im}(Z'_1+Z'_2+\cdots+Z'_k)=\mathrm{Im}(Z'_1)+\mathrm{Im}(Z'_2)+\cdots+\mathrm{Im}(Z'_k)>0$$

可知

$$Z'_1+Z'_2+\cdots+Z'_n\neq 0$$

但

$$(Z_1+Z_2+\cdots+Z_n)\mathrm{e}^{-\mathrm{i}\alpha}=Z'_1+Z'_2+\cdots+Z'_n$$

所以

$$Z_1+Z_2+\cdots+Z_n\neq 0$$

证法二 用反证法.

若 $Z_1+Z_2+\cdots+Z_n=0$,不失一般性,假定

$$\beta=\lambda,\alpha=-\lambda,\text{且 }0<\lambda<\frac{\pi}{2}$$

在式(1)与(2)成立的条件下,取任意一个辐角为 $\frac{1}{2}(\alpha+\beta)$ 的数 $\omega(\neq 0)$,且令 $Z'_k=\frac{Z_k}{\omega}$,于是

$$\arg Z'_k=\theta_k-\frac{1}{2}(\alpha+\beta)=\theta'_k\quad(k=1,2,\cdots,n)$$

即得等式

$$Z'_1+Z'_2+\cdots+Z'_n=0$$

由式(1),不等式

$$-\frac{\beta-\alpha}{\alpha}<\theta'_k<\frac{\beta-\alpha}{\alpha}$$

成立. 又因$\frac{1}{2}(\beta-\alpha)<\frac{\pi}{2}$,故可设

$$\lambda=\frac{1}{2}(\beta-\alpha)$$

于是,当 $1\leqslant k\leqslant n$ 时,设

$$-\lambda<\theta_k<\lambda\quad\left(0<\lambda<\frac{\pi}{2}\right)$$

又令 $|Z_k|=r_k$,并设和数 $Z_1+Z_2+\cdots+Z_n$ 的实数部分为 0,即

$$r_1\cos\theta_1+r_2\cos\theta_2+\cdots+r_n\cos\theta_n=0$$

然而左边每一项皆为正,从而得出矛盾. 于是可知

$$Z_1+Z_2+\cdots+Z_n\neq 0$$

55 试证$\prod_{k=1}^{n-1}\left(x^2-2x\cos\frac{2k\pi}{n}+1\right)=\frac{x^{2n}-1}{x^2-1}$.

证 求出方程 $x^{2n}-1=0$ 的根,1 的 $2n$ 次复根的值是所求的根,这些根可用记号表示如下

$$\varepsilon_0=1$$

$$\varepsilon_1=\cos\frac{\pi}{n}+\mathrm{i}\sin\frac{\pi}{n}$$

$$\varepsilon_2=\cos\frac{2\pi}{n}+\mathrm{i}\sin\frac{2\pi}{n}$$

$$\vdots$$

$$\varepsilon_n=-1$$

$$\varepsilon_{-1}=\cos\frac{\pi}{n}-\mathrm{i}\sin\frac{\pi}{n}$$

$$\varepsilon_{-2}=\cos\frac{2\pi}{n}-\mathrm{i}\sin\frac{2\pi}{n}$$

$$\vdots$$

现将二项式 $x^{2n}-1$ 分解成实因式:为此将这些二项式分解后的诸因式两两分组,使每组包含一对线性共轭复根

$$x^{2n}-1=(x^2-1)(x-\varepsilon_1)(x-\varepsilon_{-1})(x-\varepsilon_2)(x-\varepsilon_{-2})\cdots(x-\varepsilon_{n-1})(x-\varepsilon_{-n+1})$$

因为

$$(x-\varepsilon_k)(x-\varepsilon_{-k})=\left(x-\cos\frac{k\pi}{n}-\mathrm{i}\sin\frac{k\pi}{n}\right)\left(x-\cos\frac{k\pi}{n}+\mathrm{i}\sin\frac{k\pi}{n}\right)=$$

$$x^2-2x\cos\frac{k\pi}{n}+1$$

故有

$$x^{2n-1}=(x^2-1)\left(x^2-2x\cos\frac{\pi}{n}+1\right)\cdot$$

$$\left(x^2-2x\cos\frac{2\pi}{n}+1\right)\cdots$$

$$\left(x^2-2x\cos\frac{(n-1)\pi}{n}+1\right)=$$

$$(x^2-1)\prod_{k=1}^{n-1}\left(x^2-2x\cos\frac{k\pi}{n}+1\right)$$

于是

$$\prod_{k=1}^{n-1}\left(x^2-2x\cos\frac{k\pi}{n}+1\right)=\frac{x^{2n}-1}{x^2-1}=x^{2n-2}+x^{2n-4}+\cdots+1$$

56 证明下列的积：

① $\prod\limits_{k=0}^{n-1}\left(x^2-2x\cos\dfrac{2k+1}{2n}\pi+1\right)=x^{2n}+1.$

② $\prod\limits_{k=1}^{n}\left(x^2-2x\cos\dfrac{2k\pi}{2n+1}+1\right)=\dfrac{x^{2n+1}-1}{x-1}=x^{2n}+x^{2n-1}+\cdots+1.$

③ $\prod\limits_{k=1}^{n}\left(x^2+2x\cos\dfrac{2k\pi}{2n+1}+1\right)=\dfrac{x^{2n+1}+1}{x+1}=x^{2n}-x^{2n-1}+\cdots+1.$

证 将 $x^{2n}+1$ 分解成实因式

$$x^{2n}+1=\prod_{k=0}^{n-1}\left[x-\left(\cos\frac{2k+1}{2n}\pi+\mathrm{i}\sin\frac{2k+1}{2n}\pi\right)\right]\cdot$$

$$\left[x-\left(\cos\frac{2k+1}{2n}\pi-\mathrm{i}\sin\frac{2k+1}{2n}\pi\right)\right]=$$

$$\prod_{k=0}^{n-1}\left(x^2-2x\cos\frac{2k+1}{2n}\pi+1\right)\tag{1}$$

仿此将 $x^{2n+1}-1$ 分解为实因式，即可证明第②题. 为了证明第③题，将 $x^{2n+1}+1$ 分解为实因式而得

$$\frac{x^{2n+1}+1}{x+1}=\prod_{k=0}^{n-1}\left(x^2-2x\cos\frac{2k+1}{2n+1}\pi+1\right)\tag{2}$$

我们注意

$$\cos\frac{2k+1}{2n+1}\pi=-\cos\left(\pi-\frac{2k+1}{2n+1}\pi\right)=-\cos\frac{2(n-k)}{2n+1}\pi$$

设 $k=0,1,2,\cdots,n-1,n$，则对于 $n-k$，我们得到 $n,n-1,\cdots,1,0$ 的一些数的集合，因而积 ③ 与积(2) 相等.

57 试证下列诸式成立：

① $\prod\limits_{k=1}^{n-1}\sin\frac{k\pi}{2n}=\frac{\sqrt{n}}{2^{n-1}}$.

② $\prod\limits_{k=1}^{n}\sin\frac{k\pi}{2n+1}=\frac{\sqrt{2n+1}}{2^{n}}$.

③ $\prod\limits_{k=1}^{n}\sin\frac{(2k-1)}{4n}\pi=\frac{\sqrt{2}}{2^{n}}$.

④ $\prod\limits_{k=1}^{n}\cos\frac{(2k-1)}{4n}\pi=\frac{\sqrt{2}}{2^{n}}$.

⑤ $\prod\limits_{k=1}^{n}\cos\frac{2k\pi}{2n+1}=\begin{cases}\dfrac{(-1)^{m}}{2^{2m+1}} & (\text{当 } n=2m+1)\\ \dfrac{(-1)^{m}}{2^{2m}} & (\text{当 } n=2m)\end{cases}$.

证 在

$$\prod_{k=1}^{n-1}\left(x^{2}-2x\cos\frac{k\pi}{n}+1\right)=x^{2n-2}+x^{2n-4}+\cdots+1$$

中，令 $x=1$ 得

$$\prod_{k=1}^{n-1}\left(4\sin^{2}\frac{k\pi}{2n}\right)=n \text{ 或 } 2^{2(n-1)}\left[\prod_{k=1}^{n-1}\sin\frac{k\pi}{2n}\right]^{2}=n$$

即可得第 ① 题.

在前题的 ② 中令 $x=1$ 可证明第 ② 题；在前题的 ① 中令 $x=1$ 可证明第 ③ 题；在前题的 ① 中令 $x=-1$ 可证明第 ④ 题；在前题的 ③ 中令 $x=\mathrm{i}$ 可证明第 ⑤ 题.

58 试证 $\sin\frac{\pi}{n}\sin\frac{2\pi}{n}\cdots\sin\frac{n-1}{n}\pi=\frac{n}{2^{n-1}}$.

证

$$z^{n}-1=0$$

$$z^{n}=1=\cos 2k\pi+\mathrm{i}\sin 2k\pi$$

故

$$z=\cos\frac{2k\pi}{n}+\mathrm{i}\sin\frac{2k\pi}{n}\quad(k=0,1,\cdots,n-1)$$

令

$$z_k=\cos\frac{2k\pi}{n}+\mathrm{i}\sin\frac{2k\pi}{n}$$

则

$$z^n-1=(z-1)(z-z_1)\cdots(z-z_{n-1})$$

所以

$$z^{n-1}+z^{n-2}+\cdots+1=(z-z_1)\cdots(z-z_{n-1})$$

令 $z=1$,则得

$$n=(1-z_1)(1-z_2)\cdots(1-z_{n-1})$$

所以

$$n=|1-z_1||1-z_2|\cdots|1-z_{n-1}|$$

但

$$|1-z_k|=2\sin\frac{\frac{2k\pi}{n}}{2}=2\sin\frac{k\pi}{n}$$

于是

$$n=2^{n-1}\sin\frac{\pi}{n}\sin\frac{2\pi}{n}\cdots\sin\frac{n-1}{n}\pi$$

所以

$$\sin\frac{\pi}{n}\sin\frac{2\pi}{n}\cdots\sin\frac{n-1}{n}\pi=\frac{n}{2^{n-1}}$$

59 求证:若 $|z|<\frac{1}{2}$,则 $|(1+\mathrm{i})z^3+\mathrm{i}z|<\frac{3}{4}$.

证 $|(1+\mathrm{i})z^3+\mathrm{i}z|=|z||(1+\mathrm{i})z^2+\mathrm{i}|\leqslant$

$|z|(|1+\mathrm{i}||z|^2+|\mathrm{i}|)<$

$\frac{1}{2}\left(\frac{1}{4}\sqrt{2}+1\right)<\frac{1}{4}+\frac{1}{2}=\frac{3}{4}$

60 试证"三角形不等式":$|z+w|\leqslant|z|+|w|$.

证 $|z+w|\leqslant|z|+|w|\Leftrightarrow$

$(z+w)(\bar{z}+\bar{w})\leqslant z\bar{z}+2|z||w|+w\bar{w}\Leftrightarrow$

$z\bar{w}+w\bar{z}\leqslant 2|z||w|\Leftrightarrow$

$z\bar{w}|z||w|+w\bar{z}|z||w|\leqslant 2|z|^2|w|^2\Leftrightarrow$

$$0 \leqslant (|w|z-|z|w)(|w|\bar{z}-|z|\bar{w})$$

最后一个不等式是显然的,因对任何复数 a,总有 $a\bar{a}=|a|^2 \geqslant 0$. 显然等式保持的充要条件是 $|z|w=|w|z$.

注 又由于 $\mathrm{Re}\, z \leqslant |z|$(等号成立当且仅当 a 是实数且大于等于 0)且 $|z+w|^2=|z|^2+|w|^2+2\mathrm{Re}\, z\bar{w}=|z|^2+|w|^2+2\mathrm{Re}\, \bar{z}w$.

亦可得出:$|z+w| \leqslant |z|+|w|$,等号成立当且仅当 $z\bar{w} \geqslant 0$(当 $w \neq 0$ 时,这一条件等价于 $|w|^2\left(\dfrac{z}{w}\right) \geqslant 0$,因而等价于 $\dfrac{z}{w} \geqslant 0$,或 $|z|w=|w|z$).

61 证明复数形式的柯西(Cauchy)不等式

$$\left|\sum_{i=1}^{n} a_i b_i\right|^2 \leqslant \sum_{i=1}^{n} |a_i|^2 \sum_{i=1}^{n} |b_i|^2$$

证 令 λ 为任一复数,则有

$$\sum_{i=1}^{n} |a_i-\lambda\bar{b}_i|^2=\sum_{i=1}^{n} |a_i|^2+|\lambda|^2\sum_{i=1}^{n} |b_i|^2-2\mathrm{Re}\, \bar{\lambda}\sum_{i=1}^{n} a_i b_i$$

对所有 λ,这一等式都大于等于 0. 特别,我们可取 $\lambda=\dfrac{\sum_{i=1}^{n} a_i b_i}{\sum_{i=1}^{n} |b_i|^2}$(设至少有一个 $b_i \neq 0$,否则原式就没有什么好证了).

代入上式经化简后得

$$\sum_{i=1}^{n} |a_i|^2-\frac{\left|\sum_{i=1}^{n} a_i b_i\right|^2}{\sum_{i=1}^{n} |b_i|^2} \geqslant 0$$

这与原式等价,易见等号成立当且仅当 a_i 与 $\bar{b}_i$ 成比例时.

62 证明或反证:若 $\mathrm{Re}(z) \geqslant 1$,则对任何正整数 n 有

$$|z^{n+1}-1|>|z^n|\cdot|z-1|$$

证 不等式对 $\mathrm{Re}(z)>1$(或 $\mathrm{Re}(z)=1, z \neq 1$)保持,我们可以设 $\mathrm{Re}(z)=r\cos\theta \geqslant 1$,这里 $r>1$ 且 $0<\theta<\dfrac{\pi}{2}$. 由余弦定理,我们有

$$|z^{n+1}-z^n|^2=r^{2n+2}+r^{2n}-2r^{2n+1}\cos\theta$$
$$|z^{n+1}-1|^2=r^{2n+2}+1-2r^{n+1}\cos(n+1)\theta$$

对 $n=1,2,\cdots$,我们来证

$$r^{2n}-1<2r^{2n+1}\cos\theta-2r^{n+1}\cos(n+1)\theta \tag{1}$$

首先考虑 $r=1+d$，这里 $d\geqslant\dfrac{2}{n(n-2)}$，$n\geqslant 3$，则

$$r^2-1=2d+d^2\leqslant(n-1)^2d^2=(1+nd-r)^2<(r^n-r)^2$$

因此

$$\begin{aligned}&2r^{2n+1}\cos\theta-2r^{n+1}\cos(n+1)\theta\geqslant\\&2r^{2n+1}\cos\theta-2r^{n+1}\geqslant\\&2r^{2n}-2r^{n+1}>r^{2n}-1\end{aligned}$$

其次我们考虑 $d<\dfrac{2}{n(n-2)}$. 因 $r\cos\theta\geqslant 1$，有

$$1-\frac{2}{n(n-2)}<\cos\theta<1-\frac{\theta^2}{2}+\frac{\theta^4}{24}$$

因此

$$\theta^4-12\theta^2+\frac{48}{n(n-2)}>0$$

且

$$\theta^2<6,\theta^2\leqslant 6-6\sqrt{D}$$

这里 $D=1-\dfrac{4}{3n(n-2)}$. 当 $n\geqslant 4$，我们求

$$8n^4+10n^3-87n^2-50n-16>0$$

或

$$1-\frac{6}{(n+2)^2}<\sqrt{D}$$

因此

$$\theta^2\leqslant 6-6\sqrt{D}<\frac{36}{(n+2)^2}<\frac{4\pi^2}{(n+2)^2}$$

因

$$(n+2)\theta<2\pi,\cos(n+1)\theta<\cos\theta$$

最后的不等式对 $n=3$ 也保持，当 $n=1,2$ 时，与 r 无关. 因此所有剩余的式(1)的右边较大，$2r^{2n+1}\cos\theta-2r^{n+1}\cos\theta\geqslant 2r^{2n}-2r^n>r^{2n}-1$. 这就完成了证明.

63 求一个复变量的复值函数，使 $f(z)+zf(1-z)=1+z$ 对所有 z 成立.

解 因

$$f(z)+zf(1-z)=1+z$$

于是用 $1-z$ 代替 z 以后可得出

$$f(z)+z(2-z-(1-z)f(z))=1+z$$

因此

$$f(z)(1-z+z^2)=1-z+z^2$$

对所有 z 都成立.

所以 $f(z)\equiv 1$ 可能对 $z=w_1,w_2$ 除外. 设 α 是任意复数且 $f(w_1)=\alpha$,则因 $w_2=1-w_1$,我们必有

$$f(w_2)=1+w_2-w_2\alpha$$

因此对所表示的关系需除去 $f(w_1)$ 与 $f(w_2)$.

64 证明:若复平面上对应于两个不同复数 z_1 与 z_2 的两个点是一个正三角形的顶点,则第三个顶点对应于 $-\omega z_1-\omega^2 z_2$,这里 ω 是单位立方虚根.

证 设 z_1,z_2,z_3 是复平面上任意三个不同点,这三点组成一个正三角形的充要条件是

$$z_3-z_1=(z_2-z_1)\exp\left(\pm\frac{1}{3}\pi\right)\mathrm{i}$$

这里点与它所表示的复数用同一记号,因此

$$z_3=-\left[-1+\exp\left(\pm\frac{1}{3}\pi\right)\mathrm{i}\right]z_1-\left[-\exp\left(\pm\frac{1}{3}\pi\right)\mathrm{i}\right]z_2$$

括号里的量很清楚是 1 的非实立方根. 相反地,若 $z_3=-\omega z_1-\omega^2 z_2$,这里 ω 是 1 的非实立方根,则 ω 与 ω^2 能与括号里的量相一致(对某一选取的符号).

65 设 $a_1,a_2,\cdots,a_n$ 为复数,使

$$|a_1|=|a_2|=\cdots=|a_n|=r\neq 0$$

若 nT_n 表示这 n 个数每次取 s 个的乘积之和,证明

$$\left|\frac{nT_3}{nT_{n-3}}\right|=r^{2s-n}$$

左边的分母无论何时都不等于零.

证 设

$$a_j=r\exp(\mathrm{i}\theta_j)\quad(j=1,2,\cdots,n)$$

则

$$nT_s = r^s \sum_{C_s} \exp(\mathrm{i}(\theta_{j_1} + \cdots + \theta_{j_s}))$$

求和在 C_s 上进行,它是从 $1,2,\cdots,n$ 每次取 s 个的组合所成的集,同样地有

$$nT_{n-s} = r^{n-s} \sum_{C_{n-s}} \exp(\mathrm{i}(\theta_{j_1} + \cdots + \theta_{j_{n-s}}))$$

设 $\Omega = \sum_{j=1}^{n} \theta_j$,则

$$nT_{n-s} = r^{n-s} \sum_{C_s} \exp(\mathrm{i}(\Omega - \theta_{j_1} - \cdots - \theta_{j_s}))$$

故

$$|nT_{n-s}| = r^{n-s} \left| \sum_{C_s} \exp(\mathrm{i}(\theta_{j_1} + \cdots + \theta_{j_s})) \right| = r^{n-2s} |nT_s|$$

66 让 F 是一个平面 R_2 到它自身的一一连续映射,具有附加性质,对 R_2 的所有点 P,$d(P,F(P))=1$(这里 $d(P,Q)$ 表示点 P 与 Q 间的距离).F 必须是等距吗?

解 设 f 是任一连续严格增加的函数,定义于实数上,且以 1 为界,对每个 $(x,y) \in R_2$,设

$$F(x,y) = (x + f(x), y + (1 - (f(x))^2)^{\frac{1}{2}})$$

则 F 具有需要的性质而不等距.因 f 严格增加,故 $d(F(0,0),F(1,0)) \geqslant 1 + f(1) - 0 - f(0) > 1 = d((0,0),(1,0))$,故不等距.例如,$f(x)$ 可以取 $\frac{x}{(1+x^2)^{\frac{1}{2}}}$.

67 证明复平面上的直线方程可写为 $\bar{\alpha}z + \alpha\bar{z} = C$($\alpha \neq 0$ 且为复数,C 为实数),又圆的方程可写为

$$Az\bar{z} + \beta\bar{z} + \bar{\beta}z + C = 0$$

(A,C 为实数,β 为复数).

证 设 z 平面上直线方程为 $Ax + By + E = 0$.设

$$x = \frac{z + \bar{z}}{2},\quad y = \frac{z - \bar{z}}{2\mathrm{i}} \quad (\text{因 } z = x + \mathrm{i}y)$$

则

$$A\frac{z + \bar{z}}{2} + B\frac{z - \bar{z}}{2\mathrm{i}} + E = 0$$

即

$$\frac{1}{2}(A-B\mathrm{i})z+\frac{1}{2}(A+B\mathrm{i})\bar{z}=-E$$

令 $\alpha=\frac{1}{2}(A+B\mathrm{i})$ 与 $C=-E$.

则得 $\bar{\alpha}z+\alpha\bar{z}=C$.

又 z 平面上的圆方程为

$$A(x^2+y^2)+Bx+Cy+D=0$$

经代换后可改为

$$Az\bar{z}+\bar{\alpha}\,\bar{z}+\alpha z+D=0$$

而

$$\alpha=\frac{1}{2}(B-C\mathrm{i})$$

注 (1) 设 z_1,z_2 是平面上两点,则联结 z_1,z_2 两点的线段上的点 z 可表为

$$z=tz_1+(1-t)z_2 \quad (0\leqslant t\leqslant 1)$$

或

$$z=tz_2+(1-t)z_1$$

若 t 为参变数,则上式表示过 z_1,z_2 的直线方程. 令 $z_1=a,z_2-z_1=b,a,b$ 为两复数,则直线方程又可写为 $z=a+bt$.

显然 $z=a+bt$ 与 $z=a'+b't$ 两直线相重合的充要条件是 $a'-a$ 与 b' 皆为 b 的实数倍;两直线平行的充要条件是 b' 为 b 的实数倍.

(2) 复平面上以 α 为心,R 为半径的圆的方程是

$$|z-\alpha|=R$$

因

$$|z-\alpha|^2=(z-\alpha)(\bar{z}-\bar{\alpha})=z\bar{z}-\bar{\alpha}z-\alpha\bar{z}+\alpha\bar{\alpha}$$

于是上式可写为

$$z\bar{z}-\bar{\alpha}z-\alpha\bar{z}+\alpha\bar{\alpha}-R^2=0$$

选取 A,B,C 三个复数,使

$$\bar{\alpha}=-\frac{B}{A+\bar{A}},\alpha=-\frac{\bar{B}}{A+\bar{A}},\alpha\bar{\alpha}-R^2=\frac{C+\bar{C}}{A+\bar{A}}$$

则圆的方程又可写为

$$(A+\bar{A})z\bar{z}+Bz+\bar{B}z+(C+\bar{C})=0$$

注意 $z\bar{z}$ 的系数和常数项皆为实数,当 $A+\bar{A}\neq 0$,则圆心为 $-\frac{B}{A+\bar{A}}$,半径为 $\frac{\sqrt{B\bar{B}-(A+\bar{A})(C+\bar{C})}}{A+\bar{A}}$. 所以上式代表实圆的充要条件是 $B\bar{B}>$

$(A+\overline{A})(C+\overline{C})$，当 $A+\overline{A}=0$ 时，上式代表直线.

68 $z_0\neq 0$，下列各点用 z_0 如何表示？

(1) 对于原点的对称点.

(2) 对于实轴的对称点.

(3) 对于虚轴的对称点.

(4) 对于第一象限等分角线的对称点.

(5) 对于第二象限等分角线的对称点.

解　(1) $-z_0$；(2) $\overline{z}_0$；(3) $-\overline{z}_0$；(4) $\mathrm{i}\overline{z}_0$；(5) $-\mathrm{i}\overline{z}_0$.

69 若 $z_1+z_2+z_3+z_4=0$，且 $|z_1|=|z_2|=|z_3|=|z_4|=1$. 则四点构成一个内接于单位圆之矩形.

证　因

$$|z_1|=|z_2|=|z_3|=|z_4|=1$$

故四边形 $z_1z_2z_3z_4$ 内接于单位圆 $|z|=1$(各 z_k 不可能重合，否则比如 $z_1=z_2$，则 $2z_1=-(z_3+z_4)$，于是将有 $2|z_1|=|z_3+z_4|\leqslant|z_3|+|z_4|=2$ 的矛盾).

又由

$$z_1+z_2+z_3+z_4=0$$

知

$$\frac{z_1+z_2}{2}=-\frac{z_3+z_4}{2}$$

令 $z_k=x_k+\mathrm{i}y_k(k=1,2,3,4)$，则

$$\frac{x_1+x_2}{2}=-\frac{x_3+x_4}{2},\quad \frac{y_1+y_2}{2}=-\frac{y_3+y_4}{2}$$

故边 z_1z_2 的中点与边 z_3z_4 的中点关于原点对称，从而 $z_1z_2z_3z_4$ 为一个矩形.

70 证明：当且仅当 $\dfrac{z_1-z_2}{z_1-z_3}$ 为实数时，三点 z_1,z_2,z_3 共线.

证　设 z_1,z_2,z_3 三点共线，则

$$\arg(z_1-z_2)=\arg(z_1-z_3)+n\pi$$

即

$$\arg\frac{z_1-z_2}{z_1-z_3}=n\pi$$

当 n 为偶数时，z_2z_1,z_3z_1 同向；n 为奇数时，z_2z_1,z_3z_1 反向.

所以$\frac{z_1-z_2}{z_1-z_3}$为实数，反之亦然.

71 以复数 x,y,z 为顶点的三角形为等边三角形的充要条件是

$$x^2+y^2+z^2-yz-zx-xy=0$$

证 $\triangle xyz$ 为正三角形的充要条件是矢量 $y-x$ 旋转角 $\pm\frac{\pi}{3}$ 后恰与矢量 $z-x$ 重合.

但一个矢量旋转角 $\pm\frac{\pi}{3}$，相当于用数 $\alpha=\cos\frac{\pi}{3}\pm \mathrm{i}\sin\frac{\pi}{3}$ 去乘它，而 $\alpha=\frac{1\pm\sqrt{3}\mathrm{i}}{2}$，因此 $\triangle xyz$ 为正三角形的充要条件是 $\alpha(y-x)=z-x$，即

$$\frac{z-x}{y-x}=\frac{1\pm\sqrt{3}\mathrm{i}}{2}$$

（当然 $x\neq y$，否则 x,y,z 三点将重合，不成其为三角形了）.

化简得

$$\frac{2z-y-x}{y-x}=\sqrt{3}\mathrm{i}$$

所以

$$(2z-y-x)^2=-3(y-x)^2$$

展开整理后便得

$$x^2+y^2+z^2=xy+yz+zx$$

另解 由

$$x^2+y^2+z^2-xy-yz-zx=0$$

知

$$(x-y)^2+(y-z)^2+(z-x)^2=0 \tag{1}$$

但

$$y-z=(y-x)+(x-z)$$

代入式(1)得

$$2(x-y)^2+2(x-z)^2+2(y-x)(x-z)=0$$

即

$$\left(\frac{y-x}{z-x}\right)^2-\left(\frac{y-x}{z-x}\right)+1=0\quad（当然\ z\neq x）$$

所以

$$\frac{y-x}{z-x}=\frac{1\pm\sqrt{3}\mathrm{i}}{2}$$

因 $\left|\frac{1\pm\sqrt{3}\mathrm{i}}{2}\right|=1$. 故

$$|y-x|=|z-x|$$

且

$$\arg\frac{y-x}{z-x}=\arg\left(\frac{1\pm\sqrt{3}\mathrm{i}}{2}\right)=\pm\frac{\pi}{3}$$

所以 $\triangle xyz$ 为正三角形,推理可逆.

72 设 z_1,z_2,z_3 为三个已知点,t_1,t_2,t_3 为正数,且 $t_1+t_2+t_3=1$. 试证点 $\xi=t_1z_1+t_2z_2+t_3z_3$ 位于 $\triangle z_1z_2z_3$ 内.

证 因

$$t_1+t_2+t_3=1$$

又各 $t_i>0$,故

$$0<t_1<1,0<t_2<1,0<t_3<1$$

再由

$$t_1=1-t_2-t_3$$

则

$$\begin{aligned}\xi=&(1-t_2-t_3)z_1+t_2z_2+t_3z_3=\\&(1-t_3)[(1-t_2)z_1+t_2z_2]+t_3z_3+t_2t_3(z_2-z_1)=\\&(1-t_3)z+t_3z_3+t_2t_3(z_2-z_1)\end{aligned}$$

而 $z=(1-t_2)z_1+t_2z_2$,由于 $0<t_2<1$,故 z 为线段 z_1z_2 上的点. 从而点 t_3 由 0 变到 1 时(t_2 由 $1-t_1$ 变到 0),ξ 由 z 变到 z_3,于是 ξ 总在 $\triangle z_1z_2z_3$ 内.

73 若 $-1\leqslant\mu\leqslant1$,证明方程 $y^{n+1}-\mu y^n+\mu y-1=0$ 的每个根的模为 1.

证 若 $\mu=\pm1$,或 $n=0$ 或 1,则问题是显然的. 因此,下面我们可设 $\mu\neq\pm1$,$n>1$. 用反证法:假设方程有一解,其模不等于 1,因这个解的倒数也是一个解,故可设这个解为 $y=R\mathrm{e}^{\mathrm{i}\theta}$,而 $R>1$.

令

$$y^{n-1}(y-\mu)=y^{-1}(1-\mu y)$$

两边取模

$$R^{2n-1}\ |\ y-\mu\ |^2=R^{-2}\ |\ 1-\mu y\ |^2$$

因 $R>1$,故可得

$$|\ y-\mu\ |^2<R^{-2}\ |\ 1-\mu y\ |^2$$

或

$$R^2-2\mu R\cos\theta+\mu^2<\left(\frac{1}{R}\right)^2-2\mu\left(\frac{1}{R}\right)\cos\theta+\mu^2$$

因此

$$\left(R^2-\frac{1}{R^2}\right)<2\mu\cos\theta\left(R-\frac{1}{R}\right)$$

两边除以$\left(R-\frac{1}{R}\right)>0$,有

$$R+\frac{1}{R}<2\mu\cos\theta\leqslant 2$$

这是不可能的,因$R>1$.

74 交比(或非调和比)$(z_1,z_2,z_3,z_4)=\frac{z_1-z_3}{z_2-z_3}:\frac{z_1-z_4}{z_2-z_4}$为实数的充要条件是四点$z_1,z_2,z_3,z_4$共圆或共线.

证 (1)设点z_1,z_2,z_3,z_4共线,并设此线过点z_0,且与实轴的交角为α,则此直线方程为

$$z=z_0+\rho e^{i\alpha}\quad(-\infty<\rho<+\infty)$$

从而有

$$z_k=z_0+\rho_k e^{i\alpha}\quad(k=1,2,3,4)$$

比值为

$$\frac{z_1-z_3}{z_2-z_3}:\frac{z_1-z_4}{z_2-z_4}=\frac{\rho_1-\rho_3}{\rho_2-\rho_3}:\frac{\rho_1-\rho_4}{\rho_2-\rho_4}$$

即$(z_1,z_2,z_3,z_4)=(\rho_1,\rho_2,\rho_3,\rho_4)$为一实数,反之亦然.

(2)设点z_1,z_2,z_3,z_4共圆,而此圆之中心为点z_0,半径为ρ,则其方程为

$$z=z_0+\rho e^{i\alpha}\quad(0\leqslant\alpha<2\pi)$$

所以

$$z_k=z_0+\rho e^{i\alpha_k}\quad(k=1,2,3,4)$$

交比$(z_1,z_2,z_3,z_4)=\frac{e^{i\alpha_1}-e^{i\alpha_3}}{e^{i\alpha_2}-e^{i\alpha_3}}:\frac{e^{i\alpha_1}-e^{i\alpha_4}}{e^{i\alpha_2}-e^{i\alpha_4}}$,因

$$e^{i\alpha}-e^{i\beta}=(\cos\alpha-\cos\beta)+i(\sin\alpha-\sin\beta)=$$

$$-2\sin\frac{\alpha+\beta}{2}\sin\frac{\alpha-\beta}{2}+i2\cos\frac{\alpha+\beta}{2}\sin\frac{\alpha-\beta}{2}=$$

$$2i\sin\frac{\alpha-\beta}{2}\left(\cos\frac{\alpha+\beta}{2}+i\sin\frac{\alpha+\beta}{2}\right)=$$

$$2\mathrm{i}\sin\frac{\alpha-\beta}{2}\mathrm{e}^{\mathrm{i}\frac{\alpha+\beta}{2}}$$

所以

$$(z_1,z_2,z_3,z_4)=\frac{\sin\frac{\alpha_1-\alpha_3}{2}}{\sin\frac{\alpha_2-\alpha_3}{2}}:\frac{\sin\frac{\alpha_1-\alpha_4}{2}}{\sin\frac{\alpha_2-\alpha_4}{2}}$$

为实数.

另解 设

$$\frac{z_1-z_3}{z_2-z_3}:\frac{z_1-z_4}{z_2-z_4}=m$$

则 m 为正实数的充要条件是

$$\arg\left(\frac{z_1-z_3}{z_2-z_3}\right)=\arg\left(\frac{z_1-z_4}{z_2-z_4}\right)$$

此时 $\angle z_2z_3z_1=\angle z_2z_4z_1$.

于是点 z_1,z_2,z_3,z_4 共圆或共线(图 1.2).

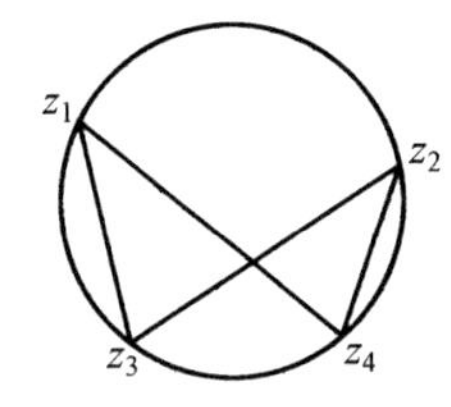

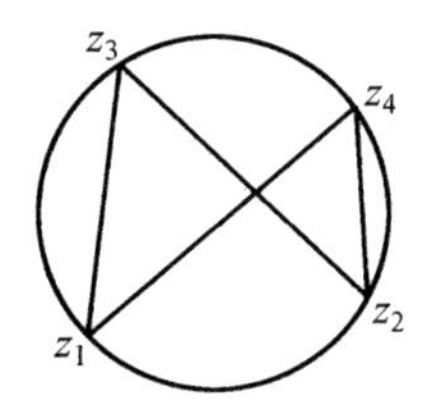

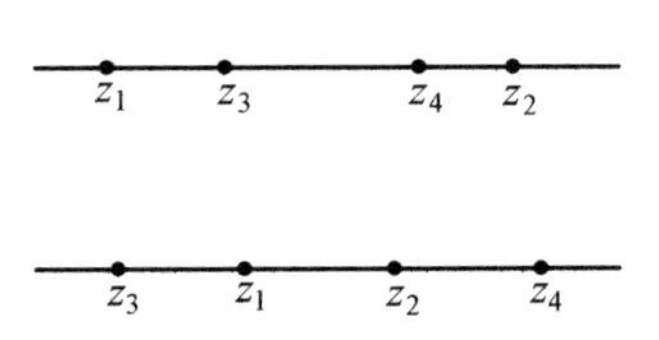

图 1.2

m 为负实数的充要条件是

$$\arg\left(\frac{z_1-z_3}{z_2-z_3}\right)=\arg\left(\frac{z_1-z_4}{z_2-z_4}\right)+\pi$$

此时 $\angle z_2z_3z_1=\angle z_2z_4z_1+\pi$.

于是四点 z_1,z_2,z_3,z_4 共圆或共线(图 1.3).

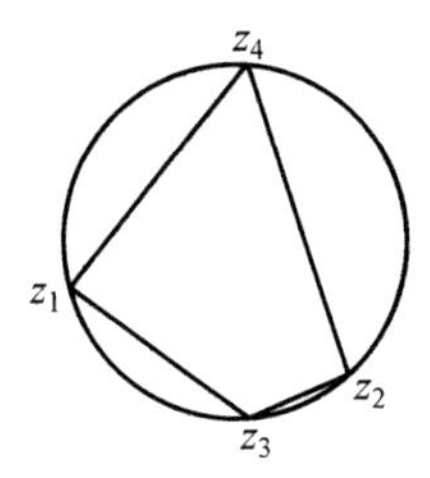

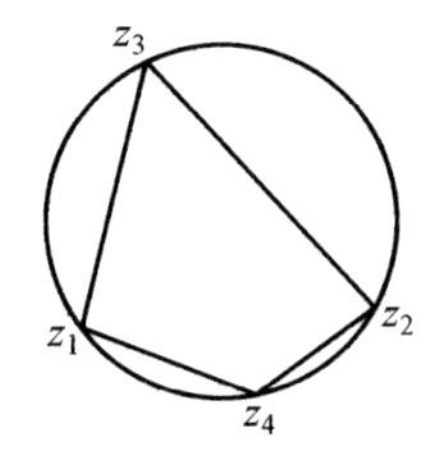

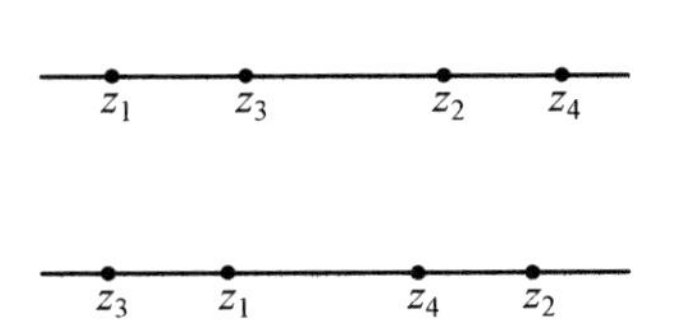

图 1.3

75 三点 z_1,z_2,z_3 共线或在点 z_1 处确定一个直角，按分比 $\dfrac{z_1-z_2}{z_1-z_3}$ 是实数或纯虚数而定，反之亦然.

证 设

$$z_1-z_2=|z_1-z_2|e^{i\phi_1},z_1-z_3=|z_1-z_3|e^{i\phi_2}$$

所以

$$\frac{z_1-z_2}{z_1-z_3}=\frac{|z_1-z_2|}{|z_1-z_3|}e^{i(\phi_1-\phi_2)}$$

76 不等式 $0<\arg\dfrac{z-i}{z+i}<\dfrac{\pi}{4}$ 所确定的点集是什么图形?

解 先考虑满足等式 $\arg\dfrac{z-i}{z+i}=\dfrac{\pi}{4}$ 的点的集合. 因为

$$\arg\frac{z-i}{z+i}=\arg(z-i)-\arg(z+i)$$

又 $\arg(z-i)$ 和 $\arg(z+i)$ 分别是始点在 i 和 $-i$，而终点在 z 的向量与实轴的夹角，因此等式

$$\arg\frac{z-i}{z+i}=\frac{\pi}{4}$$

表示到两定点 i 和 $-i$ 的张角等于定数 $\dfrac{\pi}{4}$ 的点 z 的集合. 由平面几何的定理知，这是缺了点 i 和 $-i$ 的两个圆弧，见图 1.4. 图中两个圆弧，实际上实线圆弧才是 $\arg\dfrac{z-i}{z+i}=\dfrac{\pi}{4}$ 所确定的集；虚线圆弧是等式 $\arg\dfrac{z+i}{z-i}=\dfrac{\pi}{4}$ 所确定的集.

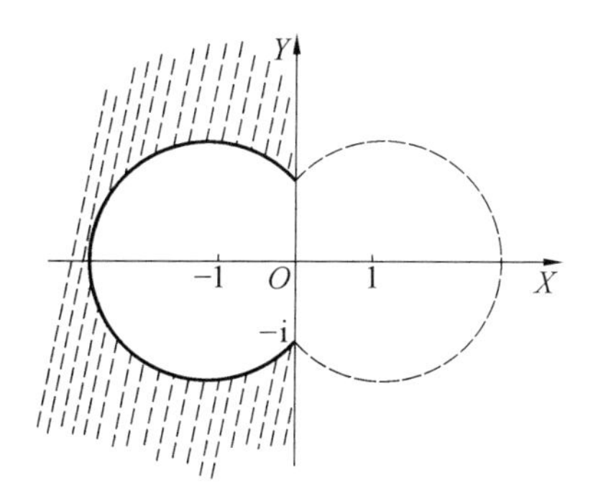

图 1.4

再考虑等式 $\arg\frac{z+\mathrm{i}}{z-\mathrm{i}}=0$ 确定的集.实际上,此集是虚轴上点 i 以上,点 $-\mathrm{i}$ 以下的点的全体,分别记为 $(\mathrm{i},\mathrm{i}\infty)$ 和 $(-\infty\mathrm{i},-\mathrm{i})$.

现在,半直线 $(\mathrm{i},\mathrm{i}\infty)$ 与 $(-\mathrm{i}\infty,-\mathrm{i})$ 和图中实线圆弧将整个平面分为两半.容易验证,左边的部分(图中阴影所示)即为不等式 $0<\arg\frac{z-\mathrm{i}}{z+\mathrm{i}}<\frac{\pi}{4}$ 所确定的集,这个验证工作留给读者.

77 证明:三点 $a+\mathrm{i}b,0,\frac{1}{-a+\mathrm{i}b}$ 在一条直线上.

证法一 因为过 Z_1,Z_2 两点的直线方程为

$$Z=Z_1+(Z_2-Z_1)t$$

所以

$$\overline{Z}=\overline{Z}_1+(\overline{Z}_2-\overline{Z}_1)t$$

由以上两个方程中消去 t,得

$$(\overline{Z}_2-\overline{Z}_1)Z-(Z_2-Z_1)\overline{Z}=Z_1\overline{Z}_2-\overline{Z}_1Z_2$$

令

$$Z=a+\mathrm{i}b,Z_1=0,Z_2=\frac{1}{-a+\mathrm{i}b}$$

则

$$\overline{Z}=a-\mathrm{i}b,\overline{Z}_1=0,\overline{Z}_2=\frac{1}{-a-\mathrm{i}b}$$

代入方程

$$左=\left(-\frac{1}{a+\mathrm{i}b}-0\right)(a+\mathrm{i}b)-\left(\frac{1}{-a+\mathrm{i}b}-0\right)(a-\mathrm{i}b)=0$$

$$右=0$$

即 Z_1,Z_2,Z_3 三点满足方程,故它们在同一条直线上.

证法二

$$Z_1=a+\mathrm{i}b,Z_2=\frac{1}{-a+\mathrm{i}b}$$

则

$$\frac{Z_1-0}{Z_2-0}=\frac{a+\mathrm{i}b}{\frac{1}{-a+\mathrm{i}b}}=-(a^2+b^2)$$

为一实数,所以,向量 $\overrightarrow{OZ_1}$ 与 $\overrightarrow{OZ_2}$ 平行,且有公共点 O,因而三点在一直线上.

78 证明两向量$\overrightarrow{OZ_1}(Z_1=x_1+\mathrm{i}y_1)$与$\overrightarrow{OZ_2}(Z_2=x_2+\mathrm{i}y_2)$互相垂直的充要条件是$Z_1\overline{Z}_2+\overline{Z}_1Z_2=0$.

证法一　必要条件:若两向量$\overrightarrow{OZ_1}$,$\overrightarrow{OZ_2}$垂直,则

$$\arg Z_2-\arg Z_1=\frac{\pi}{2}$$

从而

$$\frac{Z_1}{Z_2}=\left|\frac{Z_1}{Z_2}\right|\left(\cos\frac{\pi}{2}+\mathrm{i}\sin\frac{\pi}{2}\right)=\frac{|Z_1|}{|Z_2|}\mathrm{i}$$

两边平方,得

$$\frac{Z_1^2}{Z_2^2}=-\frac{|Z_1|^2}{|Z_2|^2}$$

即

$$\frac{Z_1^2}{Z_2^2}=-\frac{Z_1\overline{Z}_1}{Z_2\overline{Z}_2}$$

消去$\dfrac{Z_1}{Z_2}$,得

$$Z_1\overline{Z}_2+\overline{Z}_1Z_2=0$$

充分条件:若

$$Z_1\overline{Z}_2+\overline{Z}_1Z_2=0$$

即

$$\frac{Z_1}{Z_2}=-\frac{\overline{Z}_1}{\overline{Z}_2}$$

从而

$$\frac{Z_1^2}{Z_2^2}=-\frac{\overline{Z}_1Z_1}{\overline{Z}_2Z_2}=-\left|\frac{Z_1}{Z_2}\right|^2$$

即

$$\arg\left(\frac{Z_1}{Z_2}\right)^2=\pi$$

所以$\arg\left(\dfrac{Z_1}{Z_2}\right)=\dfrac{\pi}{2}$,故$\overrightarrow{OZ_1}$与$\overrightarrow{OZ_2}$互相垂直.

证法二　由解析几何知:向量$\overrightarrow{OZ_1}$与$\overrightarrow{OZ_2}$垂直的充要条件是

$$x_1x_2+y_1y_2=0$$

而

$$Z_1\overline{Z}_2+\overline{Z}_1Z_2=2(x_1x_2+y_1y_2)$$

所以,向量$\overrightarrow{OZ_1}$,$\overrightarrow{OZ_2}$垂直的充要条件为

$$Z_1\overline{Z}_2+Z_2\overline{Z}_1=0$$

79 假设 Z_1,Z_2,Z_3 三点适合下列条件

$$Z_1+Z_2+Z_3=0 \text{ 与 } |Z_1|=|Z_2|=|Z_3|=1$$

试证：点 Z_1,Z_2,Z_3 是内接于单位圆的一个等边三角形的顶点.

证法一 因为

$$|Z_1|=|Z_2|=|Z_3|=1$$

所以点 Z_1,Z_2,Z_3 在单位圆上，设

$$(Z-Z_1)(Z-Z_2)(Z-Z_3)=0$$

即 Z_1,Z_2,Z_3 是此多项式的根，那么

$$Z^3-(Z_1+Z_2+Z_3)Z^2+(Z_1Z_2+Z_2Z_3+Z_3Z_1)Z-Z_1Z_2Z_3=0$$

因为

$$|Z_1|=|Z_2|=|Z_3|=1, Z_1+Z_2+Z_3=0$$

所以

$$Z_1Z_2+Z_2Z_3+Z_3Z_1=Z_1Z_2Z_3(\overline{Z}_3+\overline{Z}_2+\overline{Z}_1)=Z_1Z_2Z_3(\overline{Z_1+Z_2+Z_3})=0$$

此时方程退化为

$$Z^3-Z_1Z_2Z_3=0$$

故 Z_1,Z_2,Z_3 是 $\sqrt[3]{Z_1Z_2Z_3}$ 的三个值，所以是内接于圆的正三角形的顶点.

证法二 因

$$|Z_1|=|Z_2|=|Z_3|=1$$

故诸点 Z_1,Z_2,Z_3 位于中心在原点的单位圆上，今证 $\triangle Z_1Z_2Z_3$ 为一正三角形.

不失一般性，可设

$$Z_1=1, Z_2=\cos\theta_2+\mathrm{i}\sin\theta_2, Z_3=\cos\theta_3+\mathrm{i}\sin\theta_3$$

则因

$$Z_1+Z_2+Z_3=0$$

故

$$1+\cos\theta_2+\cos\theta_3=0, \sin\theta_2+\sin\theta_3=0$$

因

$$\sin\theta_3=-\sin\theta_2=\sin(-\theta_2)$$

所以

$$\theta_3=-\theta_2$$

所以 $1+\cos\theta_2+\cos(-\theta_2)=0$，即 $\cos\theta_2=-\dfrac{1}{2}$，所以

$$\theta_2=\frac{2}{3}\pi,\quad \theta_3=-\frac{2}{3}\pi$$

于是 $\triangle Z_1Z_2Z_3$ 为一正三角形.

证法三　条件 $|Z_1|=|Z_2|=|Z_3|=1$ 已说明三点 Z_1,Z_2,Z_3 在单位圆 $|Z|=1$ 上，因此我们只需证明点 Z_1,Z_2,Z_3 所作成的三角形是等边三角形，亦即只需证明

$$|Z_1-Z_2|=|Z_2-Z_3|=|Z_3-Z_1|=\sqrt{3}$$

为此又只要证明 $|Z_1-Z_2|=\sqrt{3}$ 或 $|Z_1-Z_2|^2=3$ 就够了，易知

$$\begin{aligned}|Z_1-Z_2|^2=&(Z_1-Z_2)(\bar{Z}_1-\bar{Z}_2)=\\&Z_1\bar{Z}_1+Z_2\bar{Z}_2-(Z_1\bar{Z}_2+\bar{Z}_1Z_2)=\\&|Z_1|^2+|Z_2|^2-(Z_1\bar{Z}_2+\bar{Z}_1Z_2)=\\&2-(Z_1\bar{Z}_2+\bar{Z}_1Z_2)\end{aligned}\tag{1}$$

又由

$$Z_1+Z_2+Z_3=0$$

知

$$|Z_1+Z_2|=|-Z_3|$$

从而

$$|Z_1+Z_2|^2=|Z_3|^2 \text{ 或}(Z_1+Z_2)(\bar{Z}_1+\bar{Z}_2)=1$$

即

$$|Z_1|^2+|Z_2|^2+Z_1\bar{Z}_2+\bar{Z}_1Z_2=1$$

因为

$$|Z_1|=|Z_2|=1$$

所以上式可写为

$$Z_1\bar{Z}_2+\bar{Z}_1Z_2=-1\tag{2}$$

将式(2) 代入式(1)，便得

$$|Z_1-Z_2|^2=3$$

这就是所要证明的.

证法四

$$|Z_1+Z_2|^2+|Z_1-Z_2|^2=2(|Z_1|^2+|Z_2|^2)$$

因为

$$Z_1+Z_2+Z_3=0$$

所以

$$Z_1+Z_2=-Z_3$$

故

$$|Z_1+Z_2|=|Z_3|$$

于是

$$\begin{aligned}|Z_1-Z_2|^2=&2(|Z_1|^2+|Z_2|^2)-|Z_1+Z_2|^2=\\&2(|Z_1|^2+|Z_2|^2)-|Z_3|^2=\\&2(1+1)-1=3\end{aligned}$$

同理可证

$$|Z_2-Z_3|^2=|Z_3-Z_1|^2=3$$

所以

$$|Z_1-Z_2|=|Z_2-Z_3|=|Z_3-Z_1|=\sqrt{3}$$

故 Z_1,Z_2,Z_4 是内接于单位圆的等边三角形的顶点.

证法五 由

$$|Z_1|=|Z_2|=|Z_3|=1$$

知 Z_1,Z_2,Z_3 三点在单位圆上.假设质点系 Z_1,Z_2,Z_3 的质量相等,那么该质点系的重心为

$$Z_c=\frac{Z_1+Z_2+Z_3}{3}$$

因假设 $Z_1+Z_2+Z_3=0$,所以 $Z_c=0$,即质点系的重心在原点.又知三点在单位圆上,故重心就是这三点连成的三角形的外接圆的圆心,所以联结点 Z_1,Z_2,Z_3 所得的三角形是等边三角形.

注 此题也可用初等几何的方法来证明,如证明点 Z_1 与 Z_2,点 Z_2 与 Z_3,点 Z_3 与 Z_1 的夹角均为$\frac{2\pi}{3}$即可.

思考题 设 $|Z_1|=|Z_2|=|Z_3|=|Z_4|=1,Z_1+Z_2+Z_3+Z_4=0$.试确定四点 Z_1,Z_2,Z_3,Z_4 的位置.

80 证明:若 $\triangle Z_1Z_2Z_3$ 和 $\triangle Z'_1Z'_2Z'_3$ 是同向相似的,则 Z_i 与 $Z'_i(i=1,2,3)$ 对应的充分必要条件是

$$\begin{vmatrix}Z_1 & Z'_1 & 1\\ Z_2 & Z'_2 & 1\\ Z_3 & Z'_3 & 1\end{vmatrix}=0$$

并由此证明:$\triangle Z_1Z_2Z_3$ 是正三角形的充要条件是

$$Z_1^2+Z_2^2+Z_3^2=Z_1Z_2+Z_2Z_3+Z_3Z_1$$

证法一 ① 因为

$$\begin{vmatrix} Z_1 & Z'_1 & 1 \\ Z_2 & Z'_2 & 1 \\ Z_3 & Z'_3 & 1 \end{vmatrix}=0$$

所以

$$\begin{vmatrix} Z_1 & Z'_1 & 1 \\ Z_2-Z_1 & Z'_2-Z'_1 & 0 \\ Z_3-Z_1 & Z'_3-Z'_1 & 0 \end{vmatrix}=0$$

于是得

$$\begin{vmatrix} Z_2-Z_1 & Z'_2-Z'_1 \\ Z_3-Z_1 & Z'_3-Z'_1 \end{vmatrix}=0$$

故

$$(Z_2-Z_1)(Z'_3-Z'_1)=(Z'_2-Z'_1)(Z_3-Z_1)$$

即(图 1.5)

$$\frac{Z_2-Z_1}{Z_3-Z_1}=\frac{Z'_2-Z'_1}{Z'_3-Z'_1}$$

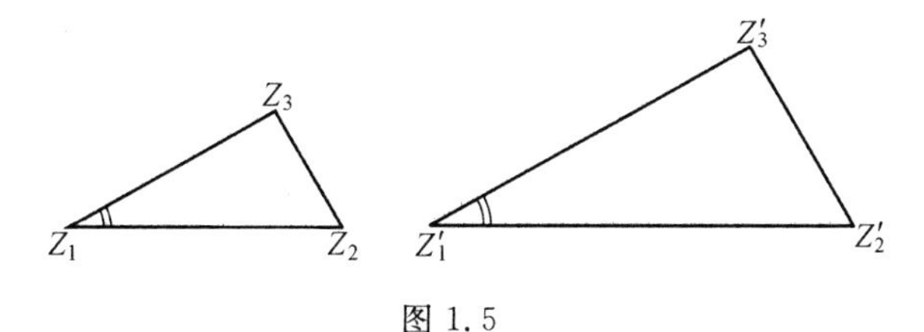

图 1.5

这等价于

$$\frac{|Z_2-Z_1|}{|Z_3-Z_1|}=\frac{|Z'_2-Z'_1|}{|Z'_3-Z'_1|}$$

与

$$\arg\left(\frac{Z_2-Z_1}{Z_3-Z_1}\right)=\arg\left(\frac{Z'_2-Z'_1}{Z'_3-Z'_1}\right)$$

以上两式表示:向量$\overrightarrow{Z_1Z_2}$与$\overrightarrow{Z_1Z_3}$的长度之比等于向量$\overrightarrow{Z'_1Z'_2}$与$\overrightarrow{Z'_1Z'_3}$长度之比,且$\overrightarrow{Z_1Z_2}$与$\overrightarrow{Z_1Z_3}$的夹角和$\overrightarrow{Z'_1Z'_2}$与$\overrightarrow{Z'_1Z'_3}$的夹角同向相等.

由于这里是等价条件,所以得证.

② 令 $Z'_1=0,Z'_2=\sqrt{3}+\mathrm{i},Z'_3=\sqrt{3}-\mathrm{i}$,则 $\triangle Z'_1Z'_2Z'_3$ 是一个边长为 2 的正三角形.

$\triangle Z_1Z_2Z_3$ 和 $\triangle Z'_1Z'_2Z'_3$ 正向相似(逆向时 Z'_2 与 Z'_3 互换)的充要条件是

$$\begin{vmatrix} Z_1 & 0 & 1 \\ Z_2 & \sqrt{3}+\mathrm{i} & 1 \\ Z_3 & \sqrt{3}-\mathrm{i} & 1 \end{vmatrix}=0$$

即

$$(Z_2-Z_1)(\sqrt{3}-\mathrm{i})-(Z_3-Z_1)(\sqrt{3}+\mathrm{i})=0$$

亦即

$$2\mathrm{i}Z_1+(\sqrt{3}-\mathrm{i})Z_2-(\sqrt{3}+\mathrm{i})Z_3=0$$

以 $-2\mathrm{i}Z_1$, $(\sqrt{3}+\mathrm{i})Z_2$, $-(\sqrt{3}-\mathrm{i})Z_3$ 分别乘上式再将所得三式相加,得

$$4(Z_1^2+Z_2^2+Z_3^2)-4(Z_1Z_2+Z_2Z_3+Z_3Z_1)=0$$

即

$$Z_1^2+Z_2^2+Z_3^2=Z_1Z_2+Z_2Z_3+Z_3Z_1$$

证法二 不用情形 ① 的结果,可直接证明.

因为 $\triangle Z_1Z_2Z_3$ 是等边三角形的充要条件是

$$\begin{aligned} Z_1-Z_2 &= |Z_3-Z_2|\,\mathrm{e}^{\mathrm{i}[\arg(Z_3-Z_2)\pm\frac{\pi}{3}]}= \\ & |Z_3-Z_2|\left\{\cos\left[\arg(Z_3-Z_2)\pm\frac{\pi}{3}\right]+\right. \\ & \left.\mathrm{i}\sin\left[\arg(Z_3-Z_2)\pm\frac{\pi}{3}\right]\right\}= \\ & |Z_3-Z_2|\left\{\frac{1}{2}\cos\alpha\mp\frac{\sqrt{3}}{2}\sin\alpha+\right. \\ & \left.\mathrm{i}\left[\frac{1}{2}\sin\alpha\pm\frac{\sqrt{3}}{2}\cos\alpha\right]\right\}= \\ & |Z_3-Z_2|\left\{\frac{1}{2}(\cos\alpha+\mathrm{i}\sin\alpha)\pm\right. \\ & \left.\mathrm{i}\frac{\sqrt{3}}{2}(\cos\alpha+\mathrm{i}\sin\alpha)\right\}= \\ & (Z_3-Z_2)\left(\frac{1}{2}\pm\mathrm{i}\frac{\sqrt{3}}{2}\right) \end{aligned}$$

其中 $\alpha=\arg(Z_3-Z_2)$,与

$$\begin{aligned} Z_1-Z_3 &= |Z_2-Z_3|\left\{\cos\left[\arg(Z_2-Z_3)\mp\frac{\pi}{3}\right]+\right. \\ & \left.\mathrm{i}\sin\left[\arg(Z_2-Z_3)\mp\frac{\pi}{3}\right]\right\}= \end{aligned}$$

$$(Z_2 - Z_3)\left(\frac{1}{2} \mp i\frac{\sqrt{3}}{2}\right)$$

以上两式平方得

$$Z_1^2 - 2Z_1Z_2 + Z_2^2 = (Z_3^2 - 2Z_3Z_2 + Z_2^2)\left(-\frac{1}{2} \pm i\frac{\sqrt{3}}{2}\right)$$

$$Z_1^2 - 2Z_1Z_3 + Z_3^2 = (Z_2^2 - 2Z_2Z_3 + Z_3^2)\left(-\frac{1}{2} \mp i\frac{\sqrt{3}}{2}\right)$$

两式相加

$$2Z_1^2 - 2Z_1Z_2 - 2Z_1Z_3 + Z_2^2 + Z_3^2 =$$
$$(Z_2^2 - 2Z_2Z_3 + Z_3^2)(-1)$$

即

$$2(Z_1^2 + Z_2^2 + Z_3^2) = 2(Z_1Z_2 + Z_2Z_3 + Z_3Z_1)$$

所以

$$Z_1^2 + Z_2^2 + Z_3^2 = Z_1Z_2 + Z_2Z_3 + Z_3Z_1$$

81 证明三角形内角和等于π.

证　设△ABC三个内角分别为α,β,γ,顶点分别为Z_1,Z_2,Z_3(图1.6).

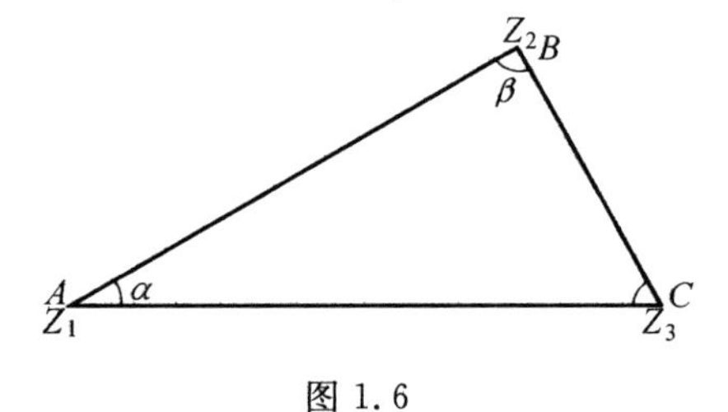

图 1.6

有向线段$\overrightarrow{AB}$的方程为

$$Z = Z_1 + t(Z_2 - Z_1) \quad (0 \leqslant t \leqslant 1)$$

有向线段$\overrightarrow{AC}$方程为

$$Z = Z_1 + t(Z_3 - Z_1) \quad (0 \leqslant t \leqslant 1)$$

由定义知

$$\alpha = \arg\frac{Z_2 - Z_1}{Z_3 - Z_1}, \quad \beta = \arg\frac{Z_3 - Z_2}{Z_1 - Z_2}, \quad \gamma = \arg\frac{Z_1 - Z_3}{Z_2 - Z_3}$$

由于

$$\frac{Z_2 - Z_1}{Z_3 - Z_1} \cdot \frac{Z_3 - Z_2}{Z_1 - Z_2} \cdot \frac{Z_1 - Z_3}{Z_2 - Z_3} = -1$$

故

$$\arg\frac{Z_2-Z_1}{Z_3-Z_1}+\arg\frac{Z_3-Z_2}{Z_1-Z_2}+\arg\frac{Z_1-Z_3}{Z_2-Z_3}=$$
$$\arg(-1)+2n\pi=\pi+2n\pi$$

因为每一个角都在 0 与 π 之间,所以它们的和应在 0 与 3π 之间,故 $n=0$,因而 $\alpha+\beta+\gamma=\pi$.

82 试证明等腰三角形的两底角相等(图 1.7).

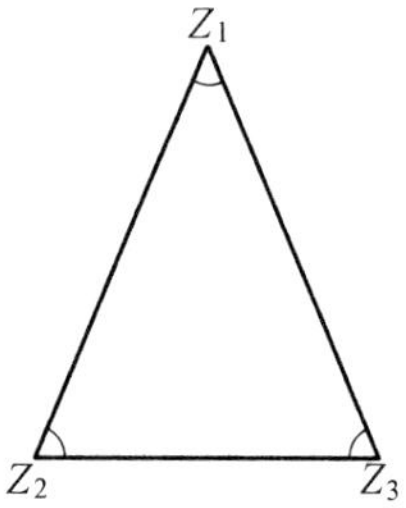

已知

$$|Z_1-Z_2|=|Z_1-Z_3|$$

求证

$$\arg\frac{Z_1-Z_2}{Z_3-Z_2}=\arg\frac{Z_2-Z_3}{Z_1-Z_3}$$

图 1.7

证 设

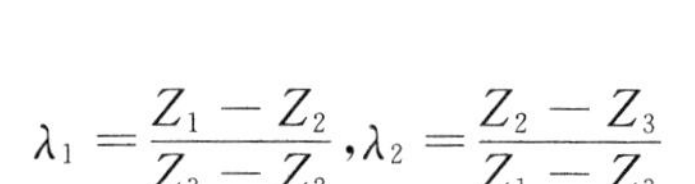

$$\lambda_1=\frac{Z_1-Z_2}{Z_3-Z_2},\lambda_2=\frac{Z_2-Z_3}{Z_1-Z_3}$$

则

$$\lambda_1=\frac{Z_1-Z_2}{Z_3-Z_2}=\frac{Z_1-Z_2}{Z_3-Z_1+Z_1-Z_2}=\frac{1}{1-\dfrac{Z_3-Z_1}{Z_2-Z_1}}$$

令

$$1-\frac{Z_3-Z_1}{Z_2-Z_1}=Z$$

则

$$\lambda_1=\frac{1}{Z}$$

$$\lambda_2=\frac{Z_2-Z_3}{Z_1-Z_3}=\frac{Z_2-Z_1+Z_1-Z_3}{Z_1-Z_3}=1-\frac{Z_2-Z_1}{Z_3-Z_1}$$

因

$$|Z_1-Z_2|=|Z_1-Z_3|$$

故有

$$\frac{Z_2-Z_1}{Z_3-Z_1}=\frac{\overline{Z_3-Z_1}}{\overline{Z_2-Z_1}}$$

从而

$$\lambda_2 = 1 - \overline{\frac{\overline{Z_3 - Z_1}}{Z_2 - Z_1}} = \overline{\left(1 - \frac{Z_3 - Z_1}{Z_2 - Z_1}\right)} = \overline{Z}$$

即

$$\operatorname{Im} \lambda_1 = -\operatorname{Im} \overline{\lambda_2}$$

故 $\operatorname{Im} \lambda_1$ 与 $\operatorname{Im} \lambda_2$ 同号,又

$$\arg \lambda_1 = \arg \frac{1}{Z} = -\arg Z + 2k\pi$$

$$\arg \lambda_2 = \arg \overline{Z} = -\arg Z + 2k'\pi$$

由于三角形每个内角小于 π,所以

$$\arg \lambda_1 = \arg \lambda_2 = -\arg Z$$

83 证明平行四边形两对边及两对角相等,并证其对角线互相平分.

证 设平行四边形如图 1.8 所示,根据平行四边形的两对边平行,而邻边不平行,以及过两点的直线定义及两直线平行条件,有

$$\frac{Z_4 - Z_3}{Z_1 - Z_2} = K_1 \quad (\text{实数}) \qquad (1)$$

$$\frac{Z_4 - Z_1}{Z_3 - Z_2} = K_2 \quad (\text{实数}) \qquad (2)$$

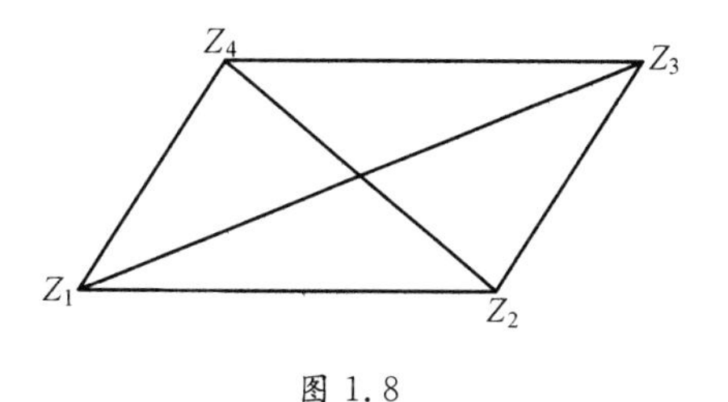

图 1.8

$$\frac{Z_1 - Z_2}{Z_2 - Z_3} \neq \text{实数} \qquad (3)$$

① 证明两对边相等.

由式(1) 与(2) 知

$$Z_4 - Z_3 = K_1(Z_1 - Z_2);Z_4 - Z_1 = K_2(Z_3 - Z_2)$$

两式相减,消去 Z_4,得

$$Z_1 - Z_3 = K_1(Z_1 - Z_2) - K_2(Z_3 - Z_2)$$

整理,得

$$(Z_1 - Z_2)(1 - K_1) + (Z_2 - Z_3)(1 - K_2) = 0$$

如果 $1 - K_2 \neq 0$,那么两条边除以 $1 - K_2$,得

$$\frac{Z_2 - Z_3}{Z_1 - Z_2} = -\frac{1 - K_1}{1 - K_2}$$

是实数,与式(3) 矛盾,故 $K_2 = 1$.

又如果 $1 - K_1 \neq 0$,两边除以 $1 - K_1$,得

$$\frac{Z_1-Z_2}{Z_2-Z_3}=-\frac{1-K_2}{1-K_1}$$

也是实数，与式(3)矛盾，故 $K_1=1$.

于是，$K_1=K_2=1$，即

$$Z_4-Z_3=Z_1-Z_2,\quad Z_4-Z_1=Z_3-Z_2 \tag{4}$$

所以

$$|Z_4-Z_3|=|Z_1-Z_2|,\quad |Z_4-Z_1|=|Z_3-Z_2|$$

即两对边相等.

② 证对角相等.

令

$$\lambda_1=\frac{Z_2-Z_3}{Z_4-Z_3},\lambda_2=\frac{Z_4-Z_1}{Z_2-Z_1}$$

代入式(4)，得

$$\lambda_1=\frac{-(Z_4-Z_1)}{Z_4-Z_3},\quad \lambda_2=\frac{Z_4-Z_1}{-(Z_4-Z_3)}$$

所以 $\lambda_1=\lambda_2$，即

$$\arg\lambda_1=\arg\lambda_2$$

同理，另一对角也相等.

③ 由情形 ① 知

$$Z_4-Z_1=Z_3-Z_2$$

所以

$$\begin{aligned}\operatorname{Im}\frac{Z_4-Z_1}{Z_3-Z_1}=\operatorname{Im}\frac{Z_3-Z_2}{Z_3-Z_1}=&\\ &\operatorname{Im}\left(\frac{Z_3-Z_1+Z_1-Z_2}{Z_3-Z_1}\right)=\\ &\operatorname{Im}\left(1+\frac{Z_1-Z_2}{Z_3-Z_1}\right)=\\ &\operatorname{Im}\frac{Z_1-Z_2}{Z_3-Z_1}=-\operatorname{Im}\frac{Z_2-Z_1}{Z_3-Z_1}\end{aligned}$$

所以，Z_4 与 Z_2 分别在直线 $Z=Z_1+(Z_3-Z_2)t$ 所划分的不同的半平面上. 因此，以 Z_4 和 Z_2 为两端点的线段必与直线 $Z=Z_1+(Z_3-Z_1)t$ 相交. 设交点为 Z_0.

一方面，由于 Z_0 在以 Z_2，Z_4 为端点的线段上，故有

$$Z_0=t_0Z_2+(1-t_0)Z_4\quad(0\leqslant t_0\leqslant 1) \tag{5}$$

另一方面，Z_0 又在直线 $Z=Z_1+(Z_3-Z_1)t$ 上，故又满足

$$\text{Im}\frac{Z_0-Z_1}{Z_3-Z_1}=\text{Im}(t)=0$$

即

$$\text{Im}\frac{Z_0-Z_1}{Z_3-Z_1}=0 \tag{6}$$

由式(5)与情形①中式(4),可知

$$\begin{aligned}\text{Im}\frac{Z_0-Z_1}{Z_3-Z_1}&=\text{Im}\frac{t_0Z_2+(1-t_0)Z_4-Z_1}{Z_3-Z_1}\\&\text{Im}\frac{t_0Z_2-t_0Z_3+t_0Z_2-t_0Z_1+Z_3-Z_2}{Z_3-Z_1}=\\&\text{Im}\frac{(2t_0-1)Z_2-(2t_0-1)Z_1+(t_0-1)Z_1-(t_0-1)Z_3}{Z_3-Z_1}=\\&\text{Im}\frac{(2t_0-1)(Z_2-Z_1)}{Z_3-Z_1}+\text{Im}\frac{(1-t_0)(Z_3-Z_1)}{Z_3-Z_1}=\\&(2t_0-1)\text{Im}\frac{Z_2-Z_1}{Z_3-Z_1}+0\end{aligned}$$

由式(6),$\text{Im}\frac{Z_0-Z_1}{Z_3-Z_1}=0$,即

$$(2t_0-1)\text{Im}\frac{Z_2-Z_1}{Z_3-Z_1}=0$$

又因 Z_1,Z_2,Z_3 不在同一直线上,故 $\text{Im}\frac{Z_2-Z_1}{Z_3-Z_1}\neq 0$,从而 $2t_0-1=0$,即 $t_0=\frac{1}{2}$,代入式(5),得

$$Z_0=\frac{1}{2}Z_2+\left(1-\frac{1}{2}\right)Z_4=\frac{1}{2}(Z_2+Z_4)$$

即 Z_0 是线段 Z_2Z_4 的中点.

同理可证 Z_0 也是 Z_1Z_3 的中点,故对角线互相平分.

注 对于平面几何的全部定理,都可用解析方法加以证明.在后面相应的内容中,还将陆续给出例子.下面,我们再举出平面几何中一个定理的证明,作为本段的结束.为此,先给出平面上三点共线的条件.

84 平面上三点 Z_1,Z_2,Z_3 共线的充要条件是:存在三个不全为0的实数 l,m,n,使得

$$\begin{cases}l+m+n=0 & (1)\\ lZ_1+mZ_2+nZ_3=0 & (2)\end{cases}$$

证 必要性.若点 Z_1,Z_2,Z_3 三点共线,不妨设点 Z_2 在点 Z_1 与点 Z_3 之间,此时由线段方程,知

$$Z_3=tZ_1+(1-t)Z_2 \quad (0\leqslant t\leqslant 1)$$

或

$$Z_3=Z_1(1-t)+Z_2t$$

令 $l=1-t,m=t,n=-1$,显然不全为0,并满足:

(ⅰ)$l+m+n=1-t+t-1=0$;

(ⅱ)$lZ_1+mZ_2+nZ_3=(1-t)Z_1+Z_2t-Z_3=0$.

充分性.若存在不全为零的实数 l,m,n,满足情形(ⅰ),(ⅱ),不妨设 $n\neq 0$,那么由情形(ⅱ)解出 Z_3,有

$$Z_3=-\frac{l}{n}Z_1-\frac{m}{n}Z_2$$

又由情形(ⅰ),$n=-(l+m)$,故知

$$Z_3=\frac{l}{l+m}Z_1+\frac{m}{l+m}Z_2$$

即

$$Z_3=\frac{l}{l+m}Z_1+\left(1-\frac{l}{l+m}\right)Z_2$$

令 $t=\dfrac{l}{l+m}$,则有

$$Z_3=tZ_1+(1-t)Z_2 \quad (0\leqslant t\leqslant 1)$$

即点 Z_1,Z_2,Z_3 满足直线方程,故 Z_1,Z_2,Z_3 三点在一直线上.

85 证明:过三角形一边的中点作直线平行于另一边,那么这条直线平分三角形的第三边.

证 如图1.9所示,设△ABC 的三顶点分别为 Z_1,Z_2,Z_3,点 N 为 AB 的中点,故

$$N=\frac{1}{2}(Z_1+Z_2)$$

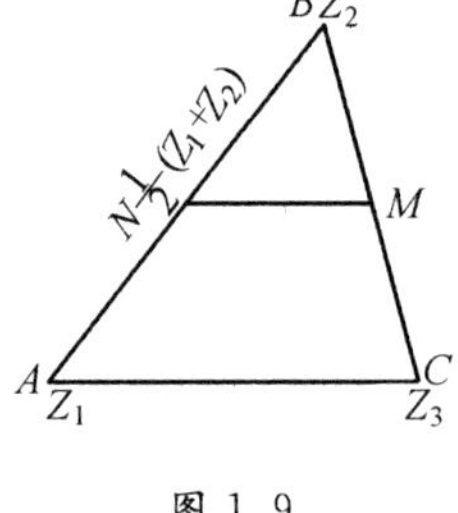

图1.9

又 MN // AC,且与 BC 交于点 M,故 MN 的方程为

$$Z=\frac{Z_1+Z_2}{2}+(Z_3-Z_1)t_1 \quad (0\leqslant t_1\leqslant 1)$$

BC 的方程为

$$Z=Z_2+(Z_3-Z_2)t_2 \quad (0\leqslant t_2\leqslant 1)$$

因为点 Z 是两直线的交点,故

$$\frac{Z_1+Z_2}{2}+(Z_3-Z_1)t_1=Z_2+(Z_3-Z_2)t_2$$

整理得

$$(1-2t_1)Z_1+(2t_2-1)Z_2+2(t_1-t_2)Z_3=0$$

设 $l=1-2t_1, m=2t_2-1, n=2(t_1-t_2)$，则 l, m, n 显然满足共线的充要条件.

但点 Z_1, Z_2, Z_3 是三角形三个顶点，故不共线，因而必有 $l=m=n=0$，即

$$1-2t_1=0, 2t_2-1=0, t_1-t_2=0$$

从而 $t_1=t_2=\frac{1}{2}$，代入 MN 的方程，得

$$Z=\frac{Z_1+Z_2}{2}+(Z_3-Z_1)\frac{1}{2}=\frac{1}{2}(Z_2+Z_3)$$

即点 M 是 BC 的中点.

86 已知正三角形的两个顶点 $z_1=1, z_2=2+\mathrm{i}$，求其另一顶点.

解 将向量 z_2-z_1 绕点 z_1 旋转 $\pm\frac{\pi}{3}$ 即得另一顶点. 但

$$z_2-z_1=1+\mathrm{i}$$

设

$$\alpha=\cos\frac{\pi}{3}\pm\mathrm{i}\sin\frac{\pi}{3}=\frac{1}{2}\pm\frac{\sqrt{3}}{2}\mathrm{i}$$

则

$$z-z_1=\alpha(z_2-z_1)$$

所以

$$z=1+\left(\frac{1}{2}\pm\frac{\sqrt{3}}{2}\mathrm{i}\right)(1+\mathrm{i})=$$

$$\frac{3\mp\sqrt{3}}{2}+\mathrm{i}\,\frac{1\mp\sqrt{3}}{2}$$

87 已知平行四边形的三个顶点为 z_1, z_2, z_3，求第四个顶点.

解

$$z'_4=-z_1+z_2+z_3$$

$$z''_4=z_1-z_2+z_3$$

$$z'''_4=z_1+z_2-z_3$$

88 已知正 n 角形相邻两顶点 z_0, z_1，求其余的顶点.

解 $z_k=z_1+(z_1-z_0)\dfrac{e^{i\frac{2k\pi}{n}}-e^{i\frac{2\pi}{n}}}{e^{i\frac{2\pi}{n}}-1}$.

89 平面上两个$\triangle z_1z_2z_3$与$\triangle w_1w_2w_3$为逆向相似时，则$\dfrac{z_2-z_3}{z_1-z_3}$与$\dfrac{w_2-w_3}{w_1-w_3}$互为共轭.

证 因

$$\triangle z_1z_2z_3 \backsim \triangle w_1w_2w_3$$

故有

$$\left|\frac{z_2-z_3}{z_1-z_3}\right|=\left|\frac{w_2-w_3}{w_1-w_3}\right|$$

又因逆向相似，故矢量$\overrightarrow{z_3z_1}$与$\overrightarrow{z_3z_2}$间的角同矢量$\overrightarrow{w_3w_1}$与$\overrightarrow{w_3w_2}$间的角绝对值相等，符号相反，所以

$$\arg\left(\frac{z_2-z_3}{z_1-z_3}\right)=-\arg\left(\frac{w_2-w_3}{w_1-w_3}\right)$$

故所证成立.

90 已知平面上四个点中每三个点为顶点的四个三角形的重心，利用复数求出原来四个点的作图法.

解 设对应于四点a,b,c,d的$\triangle abc,\triangle abd,\triangle acd,\triangle bcd$的重心各为$g_4,g_3,g_2,g_1$，则应有

$$a+b+c+d=3g_4 \tag{1}$$

$$a+b+d=3g_3 \tag{2}$$

$$a+c+d=3g_2 \tag{3}$$

$$b+c+d=3g_1 \tag{4}$$

将以上四式相加并除以3得

$$a+b+c+d=g_1+g_2+g_3+g_4 \tag{5}$$

把式(4)代入式(5)，便得

$$a=g_1+g_2+g_3+g_4-3g_1$$

设四点g_1,g_2,g_3,g_4所组成的四边形的重心为g，则

$$g_1+g_2+g_3+g_4=4g$$

于是有

$$a=g+3(g-g_1)$$

同样有

$$b=g+3(g-g_2)$$
$$c=g+3(g-g_3)$$
$$d=g+3(g-g_4)$$

于是点 a 在直线 gg_1 上关于点 g 和点 g_1 成反侧的距离为 $3(g-g_1)$(图 1.10).

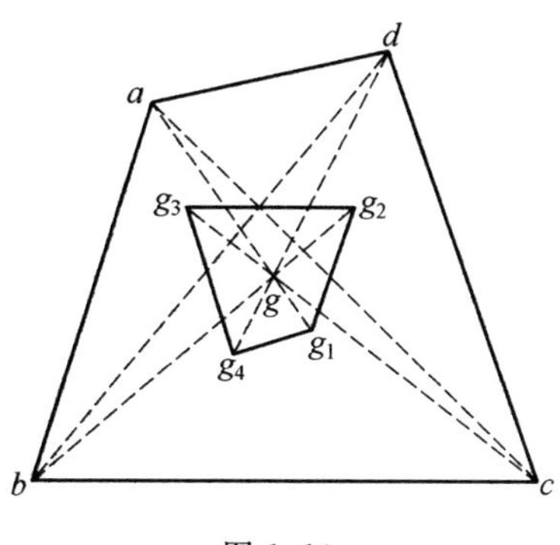

图 1.10

91(托勒密(Ptolemy)定理的推广)设 A,B,C,D 为平面上四点,则 $\overline{AB}\cdot\overline{CD}+\overline{AD}\cdot\overline{BC}\geqslant\overline{AC}\cdot\overline{BD}$. 等号成立仅限于 A,B,C,D 四点共圆或共线,且点 A,C 与点 B,D 相分离时.

证 设 A,B,C,D 四点对应于复数 z_1,z_2,z_3,z_4,考虑恒等式

$$(z_1-z_2)(z_3-z_4)+(z_1-z_4)(z_2-z_3)=(z_1-z_3)(z_2-z_4)$$

则有

$$|z_1-z_2||z_3-z_4|+|z_1-z_4||z_2-z_3|\geqslant|z_1-z_3||z_2-z_4| \quad (1)$$

此即

$$\overline{AB}\cdot\overline{CD}+\overline{AD}\cdot\overline{BC}\geqslant\overline{AC}\cdot\overline{BD}$$

由于 $|a+b|\leqslant|a|+|b|$ 等号成立的充要条件是 $a\bar{b}\geqslant 0$. 因此式(1)等号成立仅限于

$$\arg\{(z_1-z_2)(z_3-z_4)\}=\arg\{(z_1-z_4)(z_2-z_4)\}$$

即 $\frac{(z_1-z_2)(z_3-z_4)}{(z_1-z_4)(z_2-z_3)}$ 为正实数时,亦即四点 z_1,z_3,z_2,z_4 的复比

$$\frac{z_1-z_3}{z_3-z_2}:\frac{z_1-z_4}{z_3-z_4}$$

为负实数时,但此时四点 A,B,C,D 共圆或共线,且点 A,C 与点 B,D 互相分离.

92 二次方程 $a_0x^2+2a_1x+a_2=0$ 与 $b_0x^2+2b_1x+b_2=0$ 的系数间若有关系

$$a_0b_2-2a_1b_1+a_2b_0=0$$

试讨论两个方程的四个根在平面上的位置.

解 设两个二次方程的根分别为:α_1,α_2 与 β_1,β_2,则由根与系数关系有

$$\begin{cases}\alpha_1+\alpha_2=-\dfrac{2a_1}{a_0}\\\alpha_1\alpha_2=\dfrac{a_2}{a_0}\end{cases}\tag{1}$$

$$\begin{cases}\beta_1+\beta_2=-\dfrac{2b_1}{b_0}\\\beta_1\beta_2=\dfrac{b_2}{b_0}\end{cases}\tag{2}$$

已知

$$a_0b_2-2a_1b_1+a_2b_0=0$$

由于 $a_0\neq 0,b_0\neq 0$,故可变为

$$2\frac{b_2}{b_0}-4\frac{a_1b_1}{a_0b_0}+2\frac{a_2}{a_0}=0\tag{3}$$

把式(1)与(2)代入式(3),便得

$$2\beta_1\beta_2-(\alpha_1+\alpha_2)(\beta_1+\beta_2)+2\alpha_1\alpha_2=0$$

故

$$(\alpha_1-\beta_1)(\alpha_2-\beta_2)+(\alpha_1-\beta_2)(\alpha_2-\beta_1)=0$$

若所给二次方程没有公共根时,此式可改写为

$$\frac{\alpha_1-\beta_1}{\alpha_2-\beta_1}:\frac{\alpha_1-\beta_2}{\alpha_2-\beta_2}=-1$$

由此知四个根在同一圆周或同一直线上,且 α_1,α_2 与 β_1,β_2 互相分离(特别地,$\alpha_1,\alpha_2,\beta_1,\beta_2$ 共线时,$\alpha_1,\alpha_2,\beta_1,\beta_2$ 构成调和点列).

93 指出下列关系表示的点的位置(轨迹):

(1) $|z|+\mathrm{Re}(z)\leqslant 1$.

(2) $|z-2|+|z+2|=5$.

(3) $|z^2-1|=a^2(a>0)$.

(4) $\mathrm{Re}(z^2)=a^2(a>0)$.

(5) $0<\arg\dfrac{z-\mathrm{i}}{z+\mathrm{i}}<\dfrac{\pi}{4}$.

(6) $|z-a|=\mathrm{Re}(z-b)(a>0,b>0)$.

(7) $\mathrm{Im}\ z^{-1}=q$.

(8) $|2z|<|1+z^2|$.

(9) $|z-1|\geqslant 2|z-\mathrm{i}|$.

(10) $\mathrm{Re}\ \dfrac{1}{z}=\alpha$.

(11) $|z^2+2az+b|=\alpha$.

(12) $\arg\dfrac{z-1}{z+1}=\alpha$.

解 设 $z=x+\mathrm{i}y=r\mathrm{e}^{\mathrm{i}\theta}$.

(1) $\sqrt{x^2+y^2}+x\leqslant 1$ 或 $r+r\cos\theta\leqslant 1$.

因此满足 $|z|+\mathrm{Re}\ z\leqslant 1$ 的点 z 位于抛物线 $y^2+2x-1=0$ 或 $r=\dfrac{1}{1+\cos\theta}$ 的内部及其上.

(2) $|x+\mathrm{i}y-2|+|x+\mathrm{i}y+2|=5$，即

$$\sqrt{(x-2)^2+y^2}+\sqrt{(x+2)^2+y^2}=5$$

故为长半轴是 $\dfrac{5}{2}$ 的椭圆.

(3)
$$|(x+\mathrm{i}y)^2-1|=a^2$$
$$|(x^2-y^2-1)+2\mathrm{i}xy|=a^2$$
$$(x^2-y^2-1)^2+4x^2y^2=a^4\quad（卡西尼卵形线）$$

当 $0<a^2<1$ 时，为包围两点 ± 1 的两个卵形线.

当 $a^2=1$ 时，为伯努利双纽线.

当 $a^2>1$ 时，为一闭曲线.

(4) $\mathrm{Re}(x+\mathrm{i}y)^2=a^2$，$x^2-y^2=a^2$（双曲线）

(5)
$$0<\arg\frac{x+\mathrm{i}(y-1)}{x+\mathrm{i}(y+1)}<\frac{\pi}{4}$$
$$0<\arg\frac{x^2+y^2-1-2x\mathrm{i}}{x^2+(y+1)^2}<\frac{\pi}{4}$$
$$0<\arg\frac{\dfrac{-2x}{x^2+(y-1)^2}}{\dfrac{x^2+y^2-1}{x^2+(y-1)^2}}<\frac{\pi}{4}$$
$$0<\frac{-2x}{x^2+y^2-1}<1$$

故 $x<0$ 与 $x^2+y^2+2x-1>0$.

于是 z 在割去圆 $x^2+y^2+2x-1\leqslant 0$ 之右半平面上.

(6) $y^2=(a-b)\left[x-\dfrac{a+b}{2}\right]$ 为一焦点为 a,准线是 $x=b$ 的抛物线.

(7) $\mathrm{Im}\left(\dfrac{1}{x+\mathrm{i}y}\right)=2,\mathrm{Im}\left(\dfrac{x-\mathrm{i}y}{x^2+y^2}\right)=2.2(x^2+y^2)+y=0$,圆周.

(8) 圆 $x^2+(y-1)^2=2$ 与 $x^2+(y+1)^2=2$ 的公共部分及其外部.

(9) 闭圆盘.

(10) $\dfrac{x}{x^2+y^2}=\alpha$,与 y 轴相切的圆.

(11) 设 $z^2+2az+b=0$ 的根为 z_1,z_2,则 $|(z-z_1)(z-z_2)|=|z-z_1|\cdot|z-z_2|=\alpha$,为焦点是 z_1 与 z_2 的双纽线.

(12) $\dfrac{2y}{x^2+y^2-1}=\tan\alpha$,经过点 ± 1 的圆.

94 求按比 $\lambda:\mu$ 分割线段 P_1P_2 的点 P(图 1.11).

解 这里要找出一点 P,使得

$$\frac{\overrightarrow{P_1P}}{\overrightarrow{PP_2}}=\frac{\lambda}{\mu} \tag{1}$$

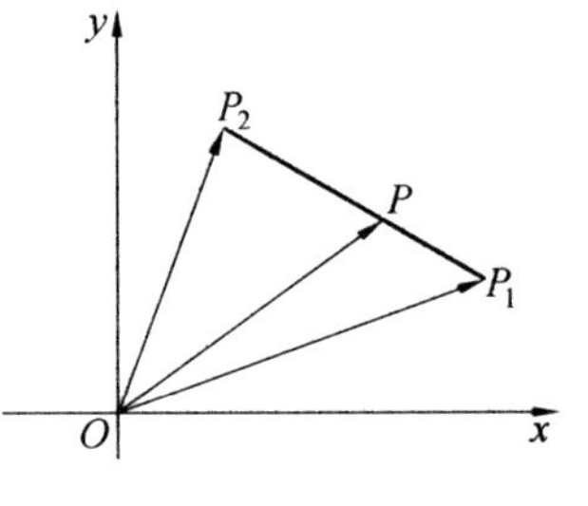

图 1.11

这里$\overrightarrow{P_1P}$和$\overrightarrow{PP_2}$都看成有向线段,设向量$\overrightarrow{OP_1}$,$\overrightarrow{OP_2}$ 和 $\overrightarrow{OP}$ 分别对应复数 z_1,z_2,z,则$\overrightarrow{P_1P}$ 对应复数 $z-z_1$,$\overrightarrow{PP_2}$ 对应复数 z_2-z,故式(1) 改为

$$\frac{z-z_1}{z_2-z}=\frac{\lambda}{\mu}$$

解出 z 得

$$z=\frac{\mu}{\lambda+\mu}z_1+\frac{\lambda}{\lambda+\mu}z_2 \tag{2}$$

设 $\alpha=\dfrac{\mu}{\lambda+\mu}$,而

$$\frac{\lambda}{\lambda+\mu}=1-\frac{\mu}{\lambda+\mu}=1-\alpha$$

代入式(2) 得

$$z=\alpha z_1+(1-\alpha)z_2 \tag{3}$$

这个复数对应于点 P.

特别当点 P 为线段 P_1P_2 的中点，则 $\lambda=\mu$，这时 $\alpha=\frac{1}{2}$，故得复平面内的中点公式 $z=\frac{z_1+z_2}{2}$.

95 设 $\triangle ABC$ 为任意三角形，以这个三角形的每条边为底向外作正三角形，试证这三个正三角形的重心组成一正三角形（图 1.12）.

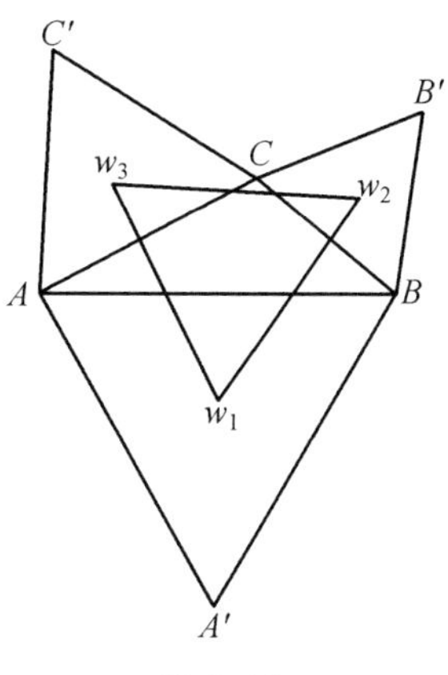

图 1.12

证 设 $\triangle ABC$ 的三个顶点分别对应复数 z_1,z_2,z_3. 向量 $\overrightarrow{AA'}$ 为由向量 $\overrightarrow{AB}=z_2-z_1$ 按顺时针方向转 $\frac{\pi}{3}$ 而得，故设 $z=e^{-\frac{\pi}{3}i}$，则

$$\overrightarrow{AA'}=z(z_2-z_1)$$

从而点 A' 对应的复数是

$$z(z_2-z_1)+z_1=zz_2+(1-z)z_1$$

所以 $\triangle AA'B$ 的重心是

$$w_1=\frac{1}{3}[z_1+z_2+zz_2+(1-z)z_1]=$$

$$\frac{1}{3}[(2-z)z_1+(1+z)z_2]$$

同理其余两个三角形的重心分别是

$$w_2=\frac{1}{3}[(2-z)z_2+(1+z)z_3]$$

$$w_3=\frac{1}{3}[(2-z)z_3+(1+z)z_1]$$

这样

$$3(w_2-w_1)=(z-2)z_1+(1-2z)z_2+(1+z)z_3$$

$$3(w_3-w_2)=(z-2)z_2+(1-2z)z_3+(1+z)z_1$$

$$3(w_1-w_3)=(z-2)z_3+(1-2z)z_1+(1+z)z_2$$

但因

$$z^3=e^{-\pi i}=-1$$

$$z^2=e^{-\frac{2}{3}\pi i}=\frac{-1-\sqrt{3}i}{2}=z-1$$

所以

$$z^2(w_3-w_2)=w_2-w_1$$

$$z^2(w_1 - w_3) = w_3 - w_2$$

由于 $|z|=1$. 故得

$$|w_3 - w_2| = |w_2 - w_1| = |w_1 - w_3|$$

于是 $\triangle w_1 w_2 w_3$ 是正三角形.

96 试建立扩充复平面(闭平面)与其几何模型——黎曼(Riemann)球面间的一一对应变换公式(平面球极投影或测地投影公式).

解 通常采用如下两种对应方法:

① 取空间坐标系 $O\xi\eta\zeta$,使 $O\xi$ 与 $O\eta$ 合于复平面上的 Ox 与 Oy 轴,而 $O\zeta$ 则沿直径 OP 的方向,点 P 为黎曼球面的北极,点 O 为南极,并取 $\left(0,0,\frac{1}{2}\right)$ 为球心,即球的直径取为 1(图 1.13). 作以北极为中心的中心投影,由于球面上的点 (ξ,η,ζ),复平面上的点 $(x,y,0)$ 和北极 $(0,0,1)$ 三点在一直线上,故满足直线方程

$$\frac{\xi-0}{x-0}=\frac{\eta-0}{y-0}=\frac{\zeta-1}{0-1} \tag{1}$$

由于点 (ξ,η,ζ) 在球面上,故应满足球面方程

$$\xi^2+\eta^2+\left(\zeta-\frac{1}{2}\right)^2=\frac{1}{4}$$

即

$$\xi^2+\eta^2=\zeta(1-\zeta) \tag{2}$$

从式(1) 就可用 ξ,η,ζ 来表示 x 与 y,由式(1) 得出

$$x=\frac{\xi}{1-\zeta},\quad y=\frac{\eta}{1-\zeta}$$

故

$$z=\frac{\xi+\mathrm{i}\eta}{1-\zeta} \tag{3}$$

式(3) 为球面上对应点的坐标来表示平面上点的坐标的变换公式. 为求逆变换公式,我们注意

$$x^2+y^2=\frac{\xi^2+\eta^2}{(1-\zeta)^2}=\frac{\zeta}{1-\zeta}$$

于是得

$$\zeta=\frac{x^2+y^2}{x^2+y^2+1}$$

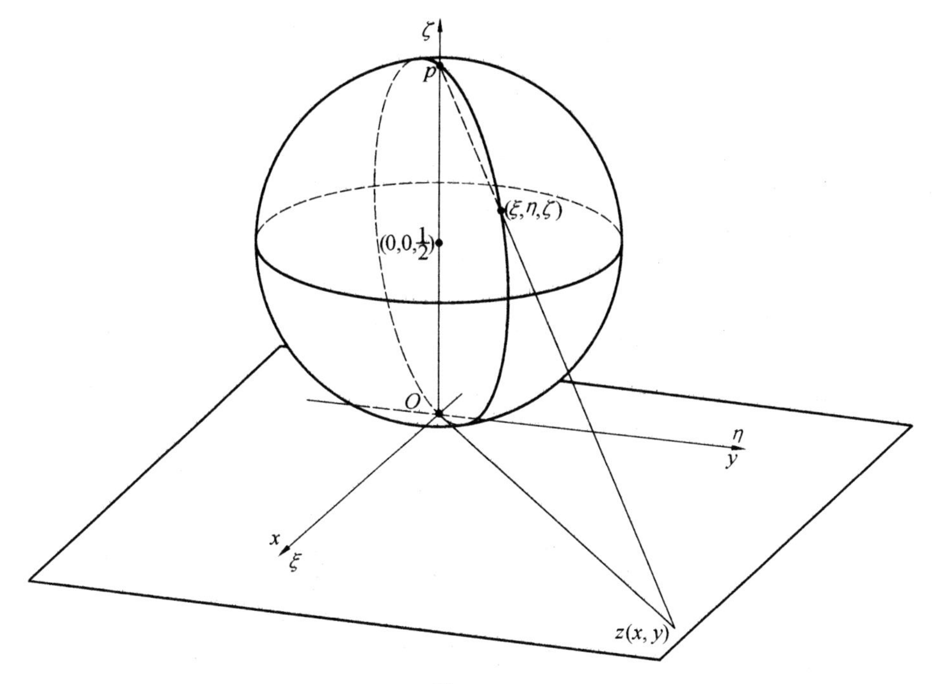

图 1.13

再利用式(3) 即得

$$\begin{cases}\xi=\dfrac{x}{x^2+y^2+1}\\ \eta=\dfrac{y}{x^2+y^2+1}\end{cases}\tag{4}$$

或用复平面上的点 z 表示得

$$\xi=\frac{z+\bar{z}}{2(|z|^2+1)},\quad \eta=\frac{z-\bar{z}}{2(1+|z|^2)}$$

$$\zeta=\frac{|z|^2}{1+|z|^2}\tag{5}$$

② 选取以(0,0,0) 为心,半径为1的球(图1.14),仿上可以推得测地投影公式,只需注意,此时球面方程变为

$$\xi^2+\eta^2+\zeta^2=1$$

$$x=\frac{\xi}{1-\zeta},\quad y=\frac{\eta}{1-\zeta}$$

即

$$z=\frac{\xi+\mathrm{i}\eta}{1-\zeta}\tag{6}$$

逆变换

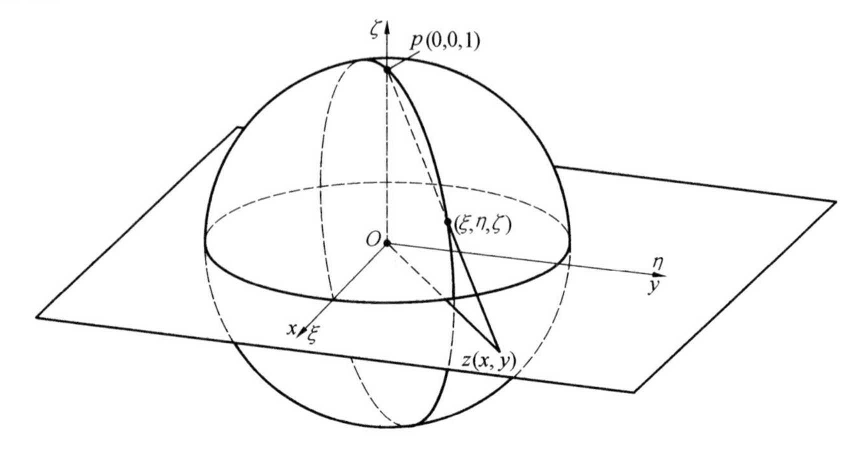

图 1.14

$$\begin{cases}\xi=\dfrac{2x}{x^2+y^2+1}\\ \eta=\dfrac{2y}{x^2+y^2+1}\\ \zeta=\dfrac{x^2+y^2-1}{x^2+y^2+1}\end{cases}\tag{7}$$

或用复平面上的点 z 表示

$$\xi=\frac{z+\bar{z}}{1+|z|^2},\eta=\frac{z-\bar{z}}{1+|z|^2},\zeta=\frac{|z|^2-1}{|z|^2+1}\tag{8}$$

97 试探究测地投影的性质.

解 (一) 证明:在测地投影下,球面上的圆被映射成平面上的圆或直线,球面上怎样的圆对应着直线.

设球面上的圆是由某一平面 $A\xi+B\eta+C\zeta+D=0$ 与球面 $\xi^2+\eta^2+\zeta^2=1$ 相交而得,把上题式(7) 代入平面方程得

$$(C+D)(x^2+y^2)+2Ax+2By+(D-C)=0$$

(a) 当 $D+C\neq 0$ 时,是圆的方程.

(b) 当 $D+C=0$ 时,是直线方程.

再由平面方程 $A\xi+B\eta+C\zeta+D=0$ 知,将北极(0,0,1) 代入得 $C+D=0$,这就是说,当球面上的圆通过北极时,在 z 平面上的投影成为直线,否则圆仍对应圆.

特别注意:

(c) 当球面上的圆是纬度圈时(即平行于赤道平面),有 $A=B=0$,则平面方程退化为 $C\zeta+D=0$. 而 z 平面上方程变为$(C+D)(x^2+y^2)=C-D$,即为以原点为中心的圆.

(d) 当球面上的圆是子午线时(通过南、北极),过点$(0,0,1)$ 时有 $C+D=0$,过点$(0,0,-1)$ 时有 $-C+D=0$. 从而 $C=D=0$. 平面方程退化为 $A\xi+B\eta=0$,而 z 平面的方程变为 $Ax+By=0$,即过原点的直线.

总之,球面上的圆,只要不过极点,投影后仍得 z 平面上的圆;若过极点的圆,对应于 z 平面上的直线.

(二) 在平面上存在怎样的点集,它在球面上的象是平行于 z 平面的具有角度 $\beta\left(-\frac{\pi}{2}<\beta<\frac{\pi}{2}\right)$ 的纬度圈? 南极和北极各对应什么?

因在角度为 β 的纬度圈上

$$\zeta=\sin\beta$$

$$\xi^2+\eta^2=\cos^2\beta$$

代入上题式(8) 得

$$|z|^2=\frac{\xi^2+\eta^2}{(1-\zeta)^2}=\left(\frac{\cos\beta}{1-\sin\beta}\right)^2=\tan^2\left(\frac{\pi}{4}+\frac{\beta}{2}\right)$$

即

$$|z|=\tan\left(\frac{\pi}{4}+\frac{\beta}{2}\right)$$

即在 z 平面上以 $z=0$ 为心,$\tan\left(\frac{\pi}{4}+\frac{\beta}{2}\right)$ 为半径的圆,在球面上的象是角为 β 的纬度圈(图 1.15).

北极:$\beta=\frac{\pi}{2}$,$|z|=\infty$;

南极:$\beta=-\frac{\pi}{2}$,$|z|=0$.

几何解释:因 $\angle 1=\angle 2$(等腰三角形两底角),故

$$\angle 1=\frac{1}{2}\left[\pi-\left(\frac{\pi}{2}-\beta\right)\right]=\frac{\pi}{4}+\frac{\beta}{2}$$

故

$$|z|=\tan\left(\frac{\pi}{4}+\frac{\beta}{2}\right)$$

从而确是以 $z=0$ 为心,$|z|=\tan\left(\frac{\pi}{4}+\frac{\beta}{2}\right)$ 为半径的圆.

(三) 若 z 平面上的两点 z 和 z',是

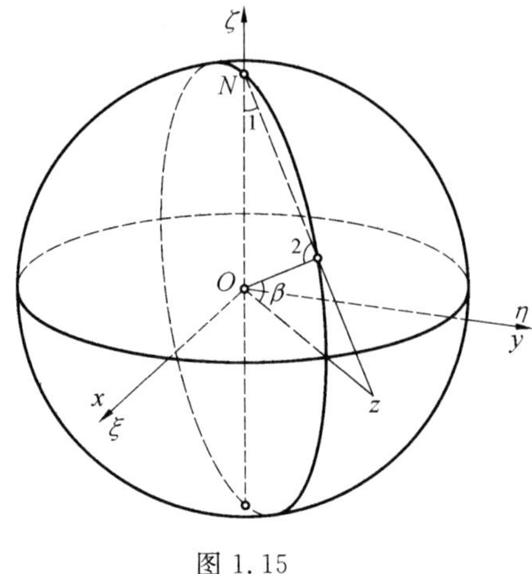

图 1.15

(1) 关于原点为对称；

(2) 关于单位圆为对称.

则这样的点在球面上投影的象的相应位置怎样?

(1) 设复平面上点 z,则其关于原点的对称点为 $-z$,代入上题投影公式(8) 得

$$\xi'=\frac{-z+(-\bar{z})}{1+|-z|^2}=-\frac{z+\bar{z}}{1+|z|^2}$$

$$\eta'=\frac{-z-(-\bar{z})}{1+|-z|^2}=-\frac{z-\bar{z}}{1+|z|^2}$$

$$\zeta'=\frac{|z|^2-1}{|z|^2+1}$$

即点 z 的象

$$A\left(\frac{z+\bar{z}}{1+|z|^2},\frac{z-\bar{z}}{1+|z|^2},\frac{|z|^2-1}{1+|z|^2}\right)$$

点 $-z$ 的象

$$A'\left(-\frac{z+\bar{z}}{1+|z|^2},-\frac{z-\bar{z}}{1+|z|^2},\frac{|z|^2-1}{1+|z|^2}\right)$$

即 $A(\xi,\eta,\zeta)$,$A'(-\xi,-\eta,\zeta)$,这是同一纬线上关于纬线圆心对称的两点(图 1.16).

几何解释:若 z 与 z' 关于原点为对称,则应在 $|z|=R$ 上,又在直线 $y=x\cdot\tan\alpha$ 上,故在圆与直线的交点上.

由(二) 知,它的象在纬角为 $\beta=2\arctan|z|-\frac{\pi}{4}$ 的圆与径度为 α 的径线

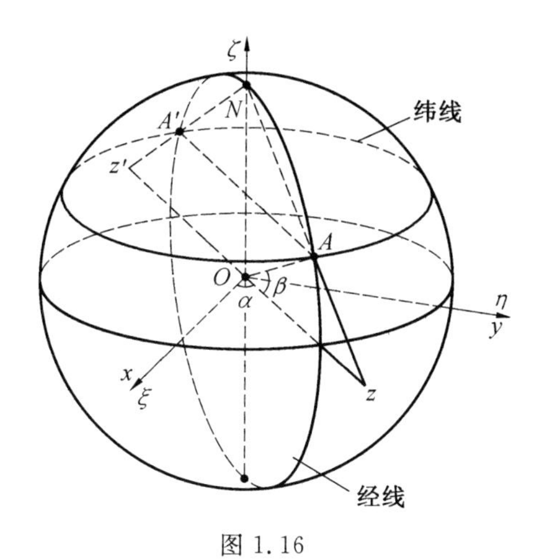

图 1.16

的交点上,故 A 与 A' 在纬线圆直径的两端,从而关于纬线圆对称.

(2) 设 z 为复平面上的点(图 1.17),则它关于单位圆的对称点为

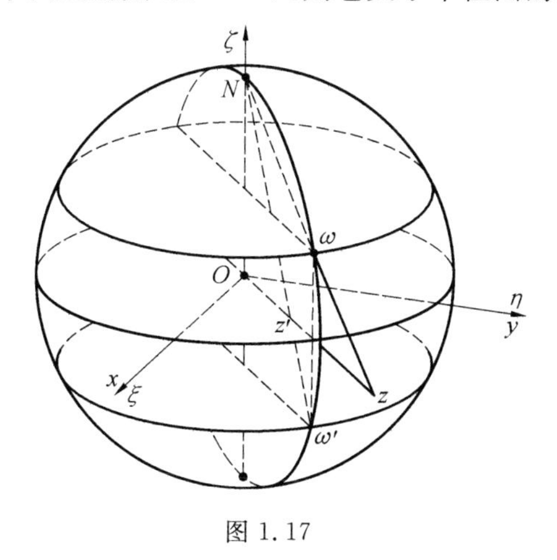

图 1.17

$z'=\dfrac{1}{\bar{z}}$,代入上题式(8) 得

$$\xi'=\frac{\dfrac{1}{\bar{z}}+\dfrac{1}{\bar{\bar{z}}}}{1+\left|\dfrac{1}{\bar{z}}\right|^2}=\frac{\dfrac{1}{\bar{z}}+\dfrac{1}{z}}{1+\dfrac{1}{|z|}^2}=$$

$$\frac{z+\bar{z}}{z\bar{z}(1+|z|^2)\dfrac{1}{|z|^2}}=\frac{z+\bar{z}}{1+|z|^2}$$

$$\eta' = \frac{\frac{1}{\bar{z}} + \frac{1}{\bar{\bar{z}}}}{1 + \frac{1}{|\bar{z}|^2}} = \frac{z - \bar{z}}{1 + |z|^2}$$

$$\zeta' = \frac{\left|\frac{1}{\bar{z}}\right|^2 - 1}{\left|\frac{1}{\bar{z}}\right|^2 + 1} = -\frac{|z|^2 - 1}{|z|^2 + 1}$$

即 $\omega(\xi,\eta,\zeta)$，$\omega'(\xi,\eta,-\zeta)$，因此它们是关于赤道平面（z 平面）对称的点对.

几何解释：因关于单位圆的对称点是在通过圆心的射线上，因而其象 ω 与 ω' 是在同一经线上. 又因为单位圆外的点 z 的象在北半球，圆内的点的象在南半球，所以 ω 与 ω' 是球面上关于赤道平面对称的同一经线上的两点.

（四）（保角性）在测地投影下，球面上曲线间的角等于它们在平面上的象之间的角.

设点 $M'_0(\xi_0,\eta_0,\zeta_0)$ 为球面上异于北极的任一点，并设 Γ' 为过点 M'_0 且在该处有切线的一条球面上的连续曲线，此时 Γ' 可用参数表示

$$\xi=\varphi(t),\eta=\psi(t),\zeta=f(t)\quad(\varphi^2+\psi^2+f^2=1)$$

而 φ,ψ,f 在 $t=t_0$ 处连续，且

$$\varphi'^2+\psi'^2+f'^2\neq 0$$

在测地投影下，点 M'_0 及曲线 Γ' 在平面上的象为 $M_0(x_0,y_0)$ 及曲线 Γ

$$x=\frac{\xi}{1-\zeta}=\frac{\varphi(t)}{1-f(t)},\quad y=\frac{\eta}{1-\zeta}=\frac{\psi(t)}{1-f(t)}$$

在点 M_0 处切线方向由 $x'(t_0)$ 与 $y'(t_0)$ 确定，对于它们有

$$x'=\frac{\xi'(1-\zeta_0)+\zeta'\xi_0}{(1-\zeta_0)^2},\quad y'=\frac{\eta'(1-\zeta_0)+\zeta'\eta_0}{(1-\zeta_0)^2}$$

因而

$$x'^2+y'^2=\frac{(\xi'^2+\eta'^2)(1-\zeta_0)^2+2(\xi_0\xi'+\eta_0\eta')(1-\zeta_0)\zeta'+\zeta'^2(\xi_0^2+\eta_0^2)}{(1-\zeta_0)^4}$$

但

$$\xi_0^2+\eta_0^2=1-\zeta_0^2$$

与

$$\xi_0\xi'+\eta_0\eta'=-\zeta_0\zeta'$$

因此

$$x'^2+y'^2=\frac{(\xi'^2+\eta'^2)(1-\zeta_0)^2-\zeta'^2(2\zeta_0-2\zeta_0^2)+\zeta'^2(1-\zeta_0^2)}{(1-\zeta_0)^4}=$$

$$\frac{(\xi'^2+\eta'^2)(1-\zeta_0)^2+\zeta'^2(1-\zeta_0)^2}{(1-\zeta_0)^4}=$$

$$\frac{\xi'^2+\eta'^2+\zeta'^2}{(1-\zeta_0)^2}$$

设 Γ'_1 为过点 M'_0 的球面上的另一条光滑曲线，其在平面上的象为 Γ_1，则 Γ 与 Γ_1 在点 M_0 处切线的夹角 α 的余弦为

$$\cos\alpha=\frac{x'x'_1+y'y'_1}{\sqrt{x'^2+y'^2}\sqrt{x'^2_1+y'^2_1}}$$

把前面的式子代入，整理化简，并注意

$$\xi_0^2+\eta_0^2=1-\zeta_0^2,\quad \xi_0\xi'+\eta_0\eta'=-\zeta_0\zeta'$$

与

$$\xi_0\xi'_1+\eta_0\eta'_1=-\zeta_0\zeta'_1$$

可得

$$\cos\alpha=\frac{\xi'\xi'_1+\eta'\eta'_1+\zeta'\zeta'_1}{\sqrt{\xi'^2+\eta'^2+\zeta'^2}\sqrt{\xi'^2_1+\eta'^2_1+\zeta'^2_1}}=\cos\alpha'$$

其中 α' 为 Γ' 与 Γ'_1 在点 M'_0 处的切线的夹角.

(五) 球面上两点间的距离可用复平面上两个对应点表示. 设 z,z' 为复平面上的两点，它们在球面上对应点用 (x_1,x_2,x_3) 与 (x'_1,x'_2,x'_3) 表示，则

$$(x_1-x'_1)^2+(x_2-x'_2)^2+(x_3-x'_3)^2=$$
$$2-2(x_1x'_1+x_2x'_2+x_3x'_3)$$

由上题式(8) 经简单运算后得

$$x_1x'_1+x_2x'_2+x_3x'_3=$$
$$\frac{(z+\bar z)(z'+\bar z')-(z-\bar z)(z'-\bar z')-(|z|^2-1)(|z'|^2-1)}{(1+|z|^2)(1+|z'|^2)}=$$
$$\frac{(1+|z|^2)(1+|z'|^2)-2|z-z'|^2}{(1+|z|^2)(1+|z'|^2)}$$

故球面上两对应点间的距离为

$$d(z,z')=\frac{2|z-z'|}{\sqrt{(1+|z|^2)(1+|z'|^2)}}$$

当 $z'=\infty$ 时，上式变为

$$d(z,\infty)=\frac{2}{\sqrt{1+|z|^2}}$$

(六) 复平面上的点 z 及 z' 对应于球面上一直径的两端点的充要条件是 $z\bar z'=-1$.

充分性：若 $z\bar z'=-1$，则

$$d(z,z')=\frac{2\mid z-z'\mid}{\sqrt{(1+\mid z\mid^2)(1+\mid z'\mid^2)}}=\frac{2\mid z-z'\mid}{\sqrt{(1+z\bar{z})(1+z'\bar{z}')}}=$$

$$\frac{2\mid z-z'\mid}{\sqrt{\frac{(\bar{z}'-\bar{z})(z-z')}{\bar{z}'z'}}}=\frac{2\mid z-z'\mid}{\sqrt{\frac{\mid z-z'\mid^2}{-\bar{z}'z'}}}=2$$

所以对应的象是某一直径的两端.

必要性:若为直径的两端,则 $d(z,z')=2$.

代入距离公式得

$$\mid z-z'\mid=\sqrt{(1+\mid z\mid^2)(1+\mid z'\mid^2)}$$

平方得

$$(z-z')(\bar{z}-\bar{z}')=(1+z\bar{z})(1+z'\bar{z}')$$

整理得 $z\bar{z}'=-1$.

98 若 z_1,z_2,z_3 为等腰直角三角形的三个顶点,其中 z_2 为直角顶点,则 $z_1^2+2z_2^2+z_3^2=2z_2(z_1+z_3)$.

证 $\triangle z_1z_2z_3$ 为等腰直角三角形的条件是

$$z_3-z_2=\mathrm{e}^{\frac{\pi}{2}\mathrm{i}}(z_1-z_2)$$

平方化简即得.

99 证明方程 $\left|\frac{z-p}{z-q}\right|=k(k\neq1)$ 表示由 p 与 q 为一对反演点的圆(阿波罗尼奥斯(Apollonius) 圆).

证 因由方程可得出

$$\mid z\mid^2-2\mathrm{Re}(\bar{p}z)+\mid p\mid^2=k^2\{\mid z\mid^2-2\mathrm{Re}(\bar{q}z)+\mid q\mid^2\}$$

即

$$\mid z\mid^2-2\frac{\mathrm{Re}\{(\bar{p}-k^2\bar{q})z\}}{1-k^2}+\frac{\mid p\mid^2-k^2\mid q\mid^2}{1-k^2}=0$$

亦即

$$\left|z-\frac{p-k^2q}{1-k^2}\right|^2=\frac{\mid p-k^2q\mid^2}{(1-k^2)^2}-\frac{\mid p\mid^2-k^2\mid q\mid^2}{1-k^2}$$

但易证

$$\mid p-k^2q\mid^2-(1-k^2)(\mid p\mid^2-k^2\mid q\mid^2)=k^2\mid p-q\mid^2$$

故得

$$\left|z-\frac{p-k^2q}{1-k^2}\right|=\frac{k\mid p-q\mid}{\mid 1-k^2\mid}$$

所以这个方程表示一个圆,它的圆心为

$$z_0=\frac{p-k^2q}{1-k^2}$$

而半径为

$$\rho=\frac{k\mid p-q\mid}{\mid 1-k^2\mid}$$

又

$$p-z_0=\frac{k^2(q-p)}{1-k^2},q-z_0=\frac{q-p}{1-k^2}$$

于是$\frac{p-z_0}{q-z_0}$为一正实数,且$\mid p-z_0\mid\mid q-z_0\mid=\rho^2$,所以$p$与$q$为一对反演点.

100 $A=B$的充要条件是$A\supset B$且$B\supset A$.

证 必要性.若$A=B$,则$A\supset B$且$B\supset A$.事实上,任一$x\in A$,由$A=B$知,A与B有相同的元素,则$x\in B$,故$A\subset B$;同理,任一$x\in B$,有$x\in A$,故$B\subset A$.

充分性.若$A\supset B$且$B\supset A$,则$A=B$.假如不然,$A\neq B$,不妨设有元素$x\in A$但$x\overline{\in}B$,于是得$A\not\subset B$,与题设矛盾,故$A=B$.

101 若$A=\{1,2,3,4\}$,$B=\{3,4,5,6\}$,求$A+B$,$A\cdot B$,$A-B$,$B-A$.

解 $A+B=\{1,2,3,4,5,6\}$,$A\cdot B=\{3,4\}$,$A-B=\{1,2\}$,$B-A=\{5,6\}$.

102 证明$A-B=A\mathscr{C}B$.

证 若$x\in A-B\Rightarrow x\in A$且$x\overline{\in}B\Rightarrow x\in A$且$x\in\mathscr{C}B\Rightarrow x\in A\cdot\mathscr{C}B$,即

$$A-B\subset A\mathscr{C}B \tag{1}$$

若$x\in A\mathscr{C}B\Rightarrow x\in A$且$x\in\mathscr{C}B\Rightarrow x\in A$且$x\overline{\in}B\Rightarrow x\in A-B$,即

$$A\mathscr{C}B\subset A-B \tag{2}$$

由式(1)与(2)知

$$A-B=A\mathscr{C}B$$

103 若$A_i=E\left[x;-\frac{1}{i}<x<\frac{1}{i}\right](i=1,2,\cdots)$，其中$x$为实数，则$\prod_{i=1}^{\infty}A_i=\{0\}$，即由单元素0构成的集.

证 ①$\{0\}\subset\prod_{i=1}^{\infty}A_i$，因为对于任意自然数$i$有

$$0\in A_i=E\left[x;-\frac{1}{i}<x<\frac{1}{i}\right]$$

所以

$$0\in\prod_{i=1}^{\infty}A_i$$

即

$$\{0\}\subset\prod_{i=1}^{\infty}A_i$$

②$\prod_{i=1}^{\infty}A_i\subset\{0\}$，只需证，若$x\overline{\in}\{0\}$，则$x\overline{\in}\prod_{i=1}^{\infty}A_i$. 因为若$x_0\overline{\in}\{0\}$，即$x_0\neq 0$，从而$|x_0|>0$，取足够大的自然数$i_0$，使得$\frac{1}{i_0}<|x_0|$，于是若$x_0>0$，则$x_0>\frac{1}{i_0}$；若$x_0<0$，则$x_0<-\frac{1}{i_0}$，从而

$$x_0\overline{\in}A_{i_0}=E\left[x:-\frac{1}{i_0}<x<\frac{1}{i_0}\right]$$

所以

$$x_0\overline{\in}\prod_{i=1}^{\infty}A_i$$

即

$$\prod_{i=1}^{\infty}A_i\subset\{0\}$$

由情形①与②知

$$\prod_{i=1}^{\infty}A_i=\{0\}$$

104 设S为所有实数有序对(x,y)的集合，具有定义：$(x,y)=(u,v)$当且仅当$x=u$与$y=v$. 并设定义于S上的二元运算$\oplus$与$\odot$，满足$(x,y)\oplus(u,v)=(x+u,y+v)$的一个环的公理. 若$|(x,y)|=$

$\sqrt{x^2+y^2}$，$|(x,y)\odot(u,v)|=|(x,y)|\cdot|(u,v)|$，且$(c,0)\odot(x,y)=(cx,cy)=(x,y)\odot(c,0)$，则

$$(x,y)\odot(u,v)=(ux-vy,uy+xv)$$

注 在讨论复数系的构造时常会提出如下问题：在如下的限制下是否有多种方法定义有序实数对的乘法？

①$(x,y)=(u,v)$ 必须而且只须 $x=u,y=v$.

②$(x,y)\oplus(u,v)=(x+u,y+v)$.

③ 满足域的公理.

④ 保存关于有序对的模的古典定义连同陈述 $|(x,y)\odot(u,v)|=|(x,y)|\cdot|(u,v)|$.

⑤$(c,0)\odot(x,y)=(cx,cy)$.

这个习题实际上就是给予一个否定的回答，而且把域的限制减弱为具有条件$(c,0)\odot(x,y)=(x,y)\odot(c,0)$ 的环.

证 首先，我们注意

$$\begin{aligned}(0,y)\odot(0,v)=&[(y,0)\odot(0,1)]\odot[(v,0)\odot(0,1)]=\\&(yv,0)\odot[(0,1)\odot(0,1)]=\\&(yv,0)\odot(m,n)\end{aligned}$$

这里$(m,n)=(0,1)\odot(0,1)$，因此

$$\begin{aligned}(x,y)\odot(u,v)=&[(x,0)\oplus(0,y)]\odot(u,v)=\\&[(x,0)\odot(u,v)]\oplus[(0,y)\odot(u,v)]=\\&(xu,xv)\oplus\{(0,y)\odot[(u,0)\oplus(0,v)]\}=\\&(xu,xv+uy)\oplus[(0,y)\odot(0,v)]=\\&(xu,xv+uy)\oplus(yvm,yvn)=\\&(xu+yvm,xv+uy+yvn)\end{aligned}$$

由有序对的模的定义与乘积性质，不难验证

$$m^2+n^2=1 \tag{1}$$

与

$$(x^2+y^2)(u^2+v^2)=(xu+yvm)^2+(xv+uy+yvn)^2 \tag{2}$$

展开式(2) 并重排各项，可得出结论

$$(1-m^2-n^2)y^2v^2=2(m+1)xyuv+2n(uvy^2+xyv^2) \tag{3}$$

所以由式(1) 与式(3)，对所有实数，x,y,u 与 v，我们有

$$2(m+1)xyuv+2n(uvy^2+xyv^2)=0$$

因此 $m=-1$，且 $n=0$，因而

$$(0,1)\odot(0,1)=(-1,0)$$

且

$$(x,y)\odot(u,v)=(xu-yv,xv+uy)$$

105（De-Morgan 公式）证明：

(1) $\mathscr{C}(\sum_{i=1}^{\infty}A_i)=\prod_{i=1}^{\infty}\mathscr{C}A_i$，和之余等于余之交；

(2) $\sum_{i=1}^{\infty}\mathscr{C}A_i=\mathscr{C}\prod_{i=1}^{\infty}A_i$，余之和等于交之余.

证 (1)
$$\mathscr{C}(\sum_{i=1}^{\infty}A_i)=\prod_{i=1}^{\infty}\mathscr{C}A_i$$

(ⅰ)设 $x\in\mathscr{C}(\sum_{i=1}^{\infty}A_i)\Rightarrow x\,\overline{\in}\,\sum_{i=1}^{\infty}A_i\Rightarrow x\,\overline{\in}\,A_i(i=1,2,\cdots)\Rightarrow x\in\mathscr{C}A_i$ $(i=1,2,\cdots)\Rightarrow x\in\prod_{i=1}^{\infty}\mathscr{C}A_i$，即

$$\mathscr{C}(\sum_{i=1}^{\infty}A_i)\subset\prod_{i=1}^{\infty}\mathscr{C}A_i$$

(ⅱ)若 $x\in\prod_{i=1}^{\infty}\mathscr{C}A_i\Rightarrow x\in\mathscr{C}A_i(i=1,2,\cdots)\Rightarrow x\,\overline{\in}\,A_i(i=1,2,\cdots)\Rightarrow x\,\overline{\in}$ $\sum_{i=1}^{\infty}A_i\Rightarrow x\in\mathscr{C}(\sum_{i=1}^{\infty}A_i)$，即 $\prod_{i=1}^{\infty}\mathscr{C}A_i\subset\mathscr{C}(\sum_{i=1}^{\infty}A_i)$. 由情形(ⅰ)与(ⅱ)知

$$\mathscr{C}(\sum_{i=1}^{\infty}A_i)=\prod_{i=1}^{\infty}\mathscr{C}A_i$$

(2) $\sum_{i=1}^{\infty}\mathscr{C}A_i=\mathscr{C}\prod_{i=1}^{\infty}A_i$.

证法一 可仿照第(1)问用相互包含的方法证明(略)；

证法二 利用第(1)问的结果：

令 $B_i=\mathscr{C}A_i,i=1,2,\cdots$. 由

$$i\mathscr{C}(\sum_{i=1}^{\infty}\mathscr{C}A_i)=\mathscr{C}(\sum_{i=1}^{\infty}B_i)=\prod_{i=1}^{\infty}\mathscr{C}B_i=\prod_{i=1}^{\infty}\mathscr{C}(\mathscr{C}A_i)$$

又由

$$\mathscr{C}\mathscr{C}A_i=A_i$$

从而

$$\mathscr{C}(\sum_{i=1}^{\infty}\mathscr{C}A_i)=\prod_{i=1}^{\infty}A_i$$

两边取余，得

$$\sum_{i=1}^{\infty} \mathscr{C}A_i = \mathscr{C}\prod_{i=1}^{\infty} A_i$$

证明两个集合相等，基本方法是用两个集合相互包含的方法，也可应用一系列已建立的性质证明.

106 证明 $A-(B-C)=(A-B)+AC$.

证法一 用相互包含的方法：

① 设 $x \in A-(B-C) \Rightarrow x \in A$ 且 $x \overline{\in} (B-C) \Rightarrow x \in A$ 且 $x \overline{\in} B$ 或 $x \in A$ 且 $x \in C$.

若 $x \in A$ 且 $x \overline{\in} B \Rightarrow x \in (A-B) \Rightarrow x \in (A-B)+AC$；

若 $x \in A$ 且 $x \in C \Rightarrow x \in AC \Rightarrow x \in (A-B)+AC$.

即

$$A-(B-C) \subset (A-B)+AC$$

② 设 $x \in (A-B)+AC \Rightarrow x \in (A-B)$ 或 $x \in A \cdot C$.

若 $x \in A-B \Rightarrow x \in A$ 但 $x \overline{\in} B \Rightarrow x \in A$ 且 $x \overline{\in} (B-C) \Rightarrow x \in A-(B-C)$；

若 $x \in A \cdot C \Rightarrow x \in A$ 且 $x \in C \Rightarrow x \in A$ 且 $x \overline{\in} (B-C) \Rightarrow x \in A-(B-C)$.

从而

$$(A-B)+AC \subset A-(B-C)$$

由方法 ① 与 ② 知

$$A-(B-C)=(A-B)+AC$$

证法二 利用已建立的集合性质：

由第 102 题结果知

$$A-(B-C)=A\mathscr{C}(B-C)=A\mathscr{C}(B\mathscr{C}C)$$

又由 De-Morgan 公式

$$\mathscr{C}(B\mathscr{C}C)=\mathscr{C}B+\mathscr{C}(\mathscr{C}C)=\mathscr{C}B+C$$

所以

$$A-(B-C)=A(\mathscr{C}B+C)=A\mathscr{C}B+AC=(A-B)+AC$$

107 证明当且仅当 $C \subset A$ 时

$$A-(B-C)=(A-B)+C$$

证法一 用相互包含的方法(略)；

证法二 利用上题已建立的等式

$$A-(B-C)=(A-B)+AC$$

① 当 $C\subset A$ 时，有 $AC=C$，所以由上题的等式得

$$A-(B-C)=(A-B)+AC=(A-B)+C$$

② 若 $C\not\subset A$，则

$$A-(B-C)\neq(A-B)+C$$

事实上，若 $C\not\subset A$，即存在 $x_0\in C$，但 $x_0\overline{\in}A$，由 $x_0\in C$，显然有，$x_0\in(A-B)+C$；由 $x_0\overline{\in}A$，有 $x_0\overline{\in}A-(B-C)$，从而

$$(A-B)+C\neq A-(B-C)$$

证毕.

利用结合律、交换律和分配律来证明集合的等量关系.

108 $E\cdot(F-G)=E\cdot F-E\cdot G$.

证 右 $=E\cdot F-E\cdot G=(E\cdot F)\cdot\mathscr{C}(E\cdot G)=(E\cdot F)\cdot(\mathscr{C}E+\mathscr{C}G)=[(E\cdot F)\cdot\mathscr{C}E]+[(EF)\cdot\mathscr{C}G]\xlongequal{\text{由(※)}}\phi+[(E\cdot F)\cdot\mathscr{C}G]=(E\cdot F)\cdot\mathscr{C}G=E\cdot(F\cdot\mathscr{C}G)=E\cdot(F-G)=$ 左.

(※) 因为 $(E\cdot F)\cdot\mathscr{C}E=E\cdot(F\cdot\mathscr{C}E)=E\cdot(\mathscr{C}E\cdot F)=(E\cdot\mathscr{C}E)\cdot F=(E-E)F=\phi\cdot F=\phi$.

109 $(E-F)-G=E-(F+G)$.

证 $(E-F)-G=E\cdot\mathscr{C}F\cdot\mathscr{C}G=E(\mathscr{C}F\cdot\mathscr{C}G)=E\cdot\mathscr{C}(F+G)=E-(F+G)$.

110 证明：(1) $(E+F)-G=(E-G)+(F-G)$；

(2) $(E\cdot F)-G=(E-G)\cdot(F-G)$.

证 (1) $(E+F)-G=(E+F)\cdot\mathscr{C}G=(E\cdot\mathscr{C}G)+F\cdot\mathscr{C}G=(E-G)+(F-G)$；

(2) $(E\cdot F)-G=(E\cdot F)\cdot\mathscr{C}G=(E\cdot\mathscr{C}G)\cdot(F\cdot\mathscr{C}G)=(E-G)\cdot(F-G)$.

111 $(E-F)\cdot(G-H)=(E\cdot G)-(F+H)$.

证 $(E-F)\cdot(G-H)=(E\cdot\mathscr{C}F)\cdot(G\cdot\mathscr{C}H)=(E\cdot G)\cdot(\mathscr{C}F\cdot\mathscr{C}H)=(E\cdot G)\cdot\mathscr{C}(F+H)=(E\cdot G)-(F+H)$.

112 $A=\{(p,q)\}$，其中 p,q 是自然数，则 A 可数.

证 固定 p，让 q 跑遍自然数，令 $A_p=\{(p,q)\}$，则 A_p 可数，又 $A=\sum_{p=1}^{\infty}A_p$，故 A 可数.

113 所有系数为有理数的多项式组成一个可数集合.

证 设多项式

$$P(x)=a_0+a_1x+\cdots+a_nx^n$$

其中 $a_1,a_2,\cdots,a_n$ 为有理数. 用数学归纳法证明：$n=0$ 时命题真. 事实上，当 $n=0$ 时，所有零次多项式的全体，就是全体有理数集，并且是可数的.

假设系数为有理数，次数为 n 次的所有多项式的全体 A_n 可数，我们来证明 A_{n+1} 可数.

A_n 的元素用 $Q(x)$ 表示，则 A_{n+1} 的元素为：$Q(x)+a_{n+1}x^{n+1}$，所以 A_{n+1} 与集 $A_{n+1}^*=\{Q(x),a_{n+1}\}$ 一一对应，按假定 $\{Q(x)\}$ 可数，又 $\{a_{n+1}\}$ 可数，所以 A_{n+1}^* 可数. 由数学归纳法知，对于任意自然数 n，n 次命题式均真，于是所有有理系数的多项式的集作可数个可数集的和是可数的.

114 证明闭区间[0,1]不可数.

证 反证法，如不然，即[0,1]可数，则可排成无穷序列：$x_1,x_2,\cdots,x_n,\cdots$，即

$$[0,1]=\{x_1,x_2,\cdots,x_n,\cdots\}$$

设 $I_0=[0,1]$，三等分区间 I_0，不论点 x_1 位于[0,1]的何处，它不可能同时属于 $\left[0,\frac{1}{3}\right]$，$\left[\frac{1}{3},\frac{2}{3}\right]$，$\left[\frac{2}{3},\frac{3}{3}\right]$ 三个分区间，取其中不含点 x_1 的闭区间作为 I_1，其长度为 $|I_1|=\frac{1}{3}$，再三等分区间 I_1，在 I_1 中取不含点 x_2 的闭区间为 I_2，$|I_2|=\frac{1}{3^2}$，这样继续下去，……设 I_{n-1} 已经取好，三等分 I_{n-1}，在 I_{n-1} 中取不含 x_n 的闭区间作为 I_n，其长度 $|I_n|=\frac{1}{3^n}$，于是得一闭区间套：

①$I_1\supset I_2\supset\cdots\supset I_{n-1}\supset I_n\supset\cdots$；

②$|I_n|=\frac{1}{3^n}\to 0$；

③$x_n\overline{\in}I_n\quad(n=1,2,3,\cdots)$.

由数学分析中的著名定理康托(Cantor)“区间套”定理，知有唯一点 $x_0 \in I_n, n=1,2,\cdots$.

因为 $x_0 \in I_0$，所以在$[0,1]$上，又 $x_0 \neq x_n, n=1,2,\cdots$，所以 x_0 不在序列 $\{x_n\}$ 中，这与假设 $\{x_n\}$ 由整个$[0,1]$中点排成相矛盾，从而$[0,1]$不可数.

115 验证 n 维欧几里得(Euclid)空间(R^n,ρ)是度量空间.

证 R^n 中任意两点，$x=(x_1,x_2,\cdots,x_n)$，$y=(y_1,y_2,\cdots,y_n)$之间的距离定义如下

$$\rho(x,y)=\sqrt{\sum_{i=1}^{n}(x_1-y_i)^2}$$

利用著名的柯西(Cauchy)不等式

$$\left|\sum_{i=1}^{n}a_ib_i\right|\leqslant\sqrt{\sum_{i=1}^{n}a_i^2}\cdot\sqrt{\sum_{i=1}^{n}b_i^2}$$

在这个不等式中，令 $a_i=x_i-y_i$，$b_i=y_i-z_i$ 代入，得

$$\begin{aligned}\rho^2(x,z)&=\sum_{i=1}^{n}(x_i-z_i)^2=\sum_{i=1}^{n}[(x_i-y_i)+(y_i-z_i)]^2\leqslant\\&\sum_{i=1}^{n}(x_i-y_i)^2+2\sqrt{\sum_{i=1}^{n}(x_i-y_i)^2}\cdot\\&\sqrt{\sum_{i=1}^{n}(y_i-z_i)^2}+\sum_{i=1}^{n}(y_i-z_i)^2=\\&\left(\sqrt{\sum_{i=1}^{n}(x_i-y_i)^2}+\sqrt{\sum_{i=1}^{n}(y_i-z_i)^2}\right)^2=\\&[\rho(x,y)+\rho(y,z)]^2\end{aligned}$$

即

$$\rho(x,z)\leqslant\rho(x,y)+\rho(y,z)$$

所以(R^n,ρ)是度量空间.

此外，在集合 R^n 中，还可以用另外的方式定义距离. 如：$\rho(x,y)=\underset{1\leqslant i\leqslant n}{\mathrm{Max}}|x_i-y_i|$，同样容易验证$\rho(x,y)$满足距离三公理，因此，带有上述距离的 n 维空间也是度量空间. 此例说明在同一个集合上引入距离的方式可以不限于一种，不同的距离得出不同的度量空间.

116 定义在$[0,1]$上所有连续函数 $x(t)$ 的全体所组成的集合 S，对于 $x(t)\in S$，$y(t)\in S$，定义距离如下：$\rho(x,y)=\underset{0\leqslant t\leqslant 1}{\mathrm{Max}}|x(t)-$

$y(t)|$. 则空间(S,ρ)是度量空间,并记$C_{[0,1]}$.

证 对于任意$t\in[0,1]$,有

$$|x(t)-z(t)|\leqslant|x(t)-y(t)|+|y(t)-z(t)|\leqslant$$
$$\operatorname*{Max}_{0\leqslant t\leqslant 1}|x(t)-y(t)|+\operatorname*{Max}_{0\leqslant t\leqslant 1}|y(t)-z(t)|=$$
$$\rho(x,y)+\rho(y,z)$$

从而

$$\operatorname*{Max}_{0\leqslant t\leqslant 1}|x(t)-z(t)|\leqslant\rho(x,y)+\rho(y,z)$$

即

$$\rho(x,z)\leqslant\rho(x,y)+\rho(y,z)$$

故$\rho(x,y)$满足距离三公理,即$C_{[0,1]}$是度量空间.

117 设S是满足条件

$$\sum_{h=1}^{\infty}|x_k|^p<\infty\quad(1\leqslant p<+\infty)$$

的实数列$\{x_1,x_2,\cdots,x_n,\cdots\}$的全体所组成的集合. 对于任一$x=(x_1,x_2,\cdots,x_n,\cdots)\in S,y=(y_1,y_2,\cdots,y_n,\cdots)\in S$,定义距离为

$$\rho(x,y)=\Big(\sum_{k=1}^{\infty}|y_k-x_k|^p\Big)^{\frac{1}{p}}$$

则(S,ρ)是度量空间,用l_p表示.

证法一 首先需证明,这样定义的距离有意义,即

$$\Big(\sum_{k=1}^{\infty}|y_k-x_k|^p\Big)^{\frac{1}{p}}$$

收敛.

根据МИНКОВСКИЙ不等式

$$\Big(\sum_{k=1}^{n}|a_k+b_k|^p\Big)^{\frac{1}{p}}\leqslant\Big(\sum_{k=1}^{n}|a_k|^p\Big)^{\frac{1}{p}}+\Big(\sum_{k=1}^{n}|b_k|^p\Big)^{\frac{1}{p}}$$

令$a_k=y_k,b_k=-x_k$,则上不式,变为

$$\Big(\sum_{k=1}^{n}|y_k-x_k|^p\Big)^{\frac{1}{p}}\leqslant\Big(\sum_{k=1}^{n}|y_k|^p\Big)^{\frac{1}{p}}+\Big(\sum_{k=1}^{n}|x_k|^p\Big)^{\frac{1}{p}}\qquad(*)$$

按题设

$$\Big(\sum_{k=1}^{n}|x_k|^p\Big)^{\frac{1}{p}}<\infty,\quad\Big(\sum_{k=1}^{n}|y_k|^p\Big)^{\frac{1}{p}}<\infty$$

在式$(*)$两端令$n\to\infty$,取极限,得

$$\left(\sum_{k=1}^{n} |y_k - x_k|^p\right)^{\frac{1}{p}} < \infty$$

证法二　再验证满足距离三公理：令 $a_k = x_k - y_k, b_k = y_k - z_k$，得

$$\left(\sum_{k=1}^{n} |x_k - y_k|^p\right)^{\frac{1}{p}} \leqslant \left(\sum_{k=1}^{n} |x_k - y_k|^p\right)^{\frac{1}{p}} + \left(\sum_{k=1}^{n} |y_k - z_k|^p\right)^{\frac{1}{p}}$$

令 $n \to \infty$，得

$$\left(\sum_{k=1}^{\infty} |x_k - z_k|^p\right)^{\frac{1}{p}} \leqslant \left(\sum_{k=1}^{\infty} |x_k - y_k|^p\right)^{\frac{1}{p}} + \left(\sum_{k=1}^{\infty} |y_k - z_k|^p\right)^{\frac{1}{p}}$$

即

$$\rho(x,z) \leqslant \rho(x,y) + \rho(y,z)$$

118 设 (S,ρ) 是一度量空间，定义

$$\rho'(x,y) = \frac{\rho(x,y)}{1+\rho(x,y)}$$

则 (S,ρ') 也是度量空间.

证　只需证明 ρ' 满足“三公理”. 为此，利用实函数 $f(t) = \frac{t}{1+t}$ 是增函数（这可由 $f'(t) = \frac{1}{(1+t^2)^2} > 0$ 知），故

$$\rho'(x,y) = \frac{\rho(x,y)}{1+\rho(x,y)} \leqslant \frac{\rho(x,z)+\rho(z,y)}{1+\rho(x,z)+\rho(z,y)} =$$

$$\frac{\rho(x,z)}{1+\rho(x,z)+\rho(z,y)} + \frac{\rho(z,y)}{1+\rho(x,z)+\rho(z,y)} \leqslant$$

$$\frac{\rho(x,z)}{1+\rho(x,z)} + \frac{\rho(z,y)}{1+\rho(z,y)} = \rho'(x,z) + \rho'(z,y)$$

119 设度量空间 $R=(X,\rho)$，E 是 X 中的一个子集，证明 X 中的每一个点唯一地区分为 E 的内点、外点或边界点.

证　① 因为 $E \subset \bar{E}$，两边取余，得 $\mathscr{C}\bar{E} \subset \mathscr{C}E$，即 E 的外部在 E 外；

② $\mathscr{C}E \subset (\overline{\mathscr{C}E})$，从而 $\mathscr{C}(\overline{\mathscr{C}E}) \subset \mathscr{C}(\mathscr{C}E) = E$，即 E 的内部在 E 内；

③ E 的边界为：$\bar{E} \cdot (\overline{\mathscr{C}E})$，它的余集为 $\mathscr{C}(\bar{E} \cdot (\overline{\mathscr{C}E}))$，由 De-Morgan 公式，得

$$\mathscr{C}(\bar{E} \cdot (\overline{\mathscr{C}E})) = \mathscr{C}\bar{E} + \mathscr{C}(\overline{\mathscr{C}E})$$

即 E 的边界与 E 的内部及外部的和集互余.

由情形 ①，②，③ 讨论知，X 中的每一点属于且仅属于内部、外部或边界

之一.

120 设 R^2 是复平面，$E_2=\{z,\ |z|<1\}$ 是 R^2 中的开圆盘，求 (1)E°_2；(2)E'_2，(3)$\overline{E}_2$.

解 (1)$E^{\circ}_2=E_2=\{z,\ |z|<1\}$

验证：①$E^{\circ}_2\subset E_2$，显然；

②$E_2\subset E^{\circ}_2$，对于任意 $z_0\in E_2$，有 $|z_0|<1$，即 $\rho(z_0,o)<1$，取 $\delta<1-\rho(z_0,o)$，则必有 $N(z_0,\delta_1)\subset E_2$，事实上，对于任一 $z\in N(z_0,\delta_1)$，有 $|z-z_0|<\delta_1$，即 $\rho(z,z_0)<\delta_1$，从而有

$$\rho(z,o)\leqslant\rho(z,z_0)+\rho(z_0,o)<\delta_1+\rho(z_0,o)<$$
$$1-\rho(z_0,o)+\rho(z_0,o)=1$$

所以 $z\in N(o,1)=E_2$，由 $z\in N(z_0,\delta_1)$ 之任意性，得 $N(z_0,\delta_1)\subset E_2$，即 z_0 是 E_2 之内点，再由 $z_0\in E_2$ 之任意性知：$E_2\subset E^{\circ}_2$.

总结情形 ①，② 知，$E_2=E^{\circ}_2$.

(2) 令 $E_2^*=\{z,\ |z|\leqslant 1\}$，则 $E'_2=E_2^*$. 验证：①$E_2^*\subset E'_2$.

(i) 若 $|z_0|<1$，则由上面情形(1) 知 $z_0\in E^{\circ}_2$，从而 $Z_0\in E'_2$；

(ii) 若 $|z_0|=1$，设 $z_0=\mathrm{e}^{\mathrm{i}\varphi}$.

对于任一 $\delta>0$，无论怎样小，有 $N(z_0,\delta)$，取 $z_1=r\mathrm{e}^{\mathrm{i}\varphi_0}$，使 $0<1-\delta<r<1$(当 $\delta>1$ 时，不需证明)，从而 $|z_1|=r<1$，故 $z_1\in E_2$，且 $z_1\neq z_0$，又

$$\rho(z_0,z_1)=|z_0-z_1|=|\mathrm{e}^{\mathrm{i}\varphi_0}-r\mathrm{e}^{\mathrm{i}\varphi_0}|=$$
$$|1-r|<1-(1-\delta)=\delta$$

即 $z_1\in N(z_0,\delta)$，故 z_0 是 E_2 的聚点，由 z_0 之任意性知，圆 $|z|=1$ 上所有点都是 E_2 的聚点. 由情形(i) 与(ii) 讨论知

$$E_2^*=\{Z,\ |Z|\leqslant 1\}\subset E'_2$$

② 证明 $E'_2\subset E_2^*$，若 $z_0\overline{\in}E_2^*$，则 $|z_0|>1$，即 $\rho(z_0,o)>1$，取$\delta'<\rho(z_0,o)-1$，从而有 $N(z_0,\delta')\not\subset E_2$，即 $z_0\overline{\in}E'_2$，事实上，若 $z\in N(z_0,\delta')$，则

$$\rho(z,o)\geqslant\rho(z_0,o)-\rho(z,z_0)>\rho(z_0,o)-\delta'>$$
$$\rho(z_0,o)-\rho(z_0,o)+1=1$$

故 $z_0\overline{\in}E'_2$，即 $E'_2\subset E_2^*$.

由情形 ① 与 ② 讨论知，$E'_2=E_2^*=\{z,\ |z|\leqslant 1\}$.

(3)$\overline{E}_2=E_2+E'_2=\{z,\ |z|\leqslant 1\}$.

121 (1) 若 F 闭,则 $\mathscr{C}F$ 开.

(2) 若 G 开,则 $\mathscr{C}G$ 闭.

解 (1) 事实上,对任一 $x \in \mathscr{C}F \Rightarrow x \overline{\in} F$,所以 F 闭,$F' \subset F$,则 $x \overline{\in} F+F'$,$\exists \delta > 0$,使得 $N(x,\delta) \cdot F = \phi$,所以 $N(x,\delta) \subset \mathscr{C}F$,则 $\mathscr{C}F$ 是开集.

(2) 事实上,对任一 $x \in (\mathscr{C}G)'$ 及任一 $N(x,\delta)$ 含有无穷多个 $\mathscr{C}G$ 中点,因此,$N(x,\delta)$ 中不能整个含于 G,则 x 不是 G 的内点,但因 G 是开集,所以 $x \in \mathscr{C}G$,即 $(\mathscr{C}G)' \subset (\mathscr{C}G)$,所以 $\mathscr{C}G$ 是闭集.

122 (1) 有限个闭集之和仍是闭集;

(2) 有限个开集之交是开集.

证 (1) 只证 $n=2$ 的情况.

设 $F=F_1+F_2$,F_1,F_2 闭,因为

$$F'=(F_1+F_2)'=F'_1+F'_2 \subset F_1+F_2=F$$

所以 F 闭.

(2) **证法一** 用 De-Morgan 公式及情形(1)

设 $G=G_1 \cdot G_2$,G_1,G_2 开,因为

$$\mathscr{C}G=\mathscr{C}(G_1 \cdot G_2)=\mathscr{C}G_1+\mathscr{C}G_2$$

由上题知 $\mathscr{C}G_1$,$\mathscr{C}G_2$ 是闭集,再由本题(1) 知:$\mathscr{C}G$ 是闭集,从而 G 是开集.

证法二 用开集定义证.

(1) 若 $G_1 \cdot G_2=\phi$,则是开集;

(2) 若 $G_1 \cdot G_2 \neq \phi$,任一 $x \in G_1 \cdot G_2 \Rightarrow x \in G_1$ 且 $x \in G_2$,因为 G_1,G_2 开,所以

$$\exists N(x,\delta_1) \subset G_1, N(x,\delta_2) \subset G_2$$

取

$$N(x,\delta) \subset N(x,\delta_1) \cdot N(x,\delta_2)$$

(实际上,只需取 $\delta=\min\{\delta_1,\delta_2\}$ 即可). 于是

$$N(x,\delta) \subset N(x,\delta_1) \cdot N(x,\delta_2) \subset G_1 \cdot G_2=G$$

所以 G 是开集.

123 (1) 任意多个闭集之交是闭集;

(2) 任意多个开集之和是开集.

证 (1) 设 $F=\bigcap\limits_{\lambda} F_\lambda$,$F_\lambda$ 闭(下标 λ 取值可以是任意多个,特别不局限于可数多).

因为对于任一λ，有 $F\subset_{\lambda}$，从而 $F'\subset F'_{\lambda}\subset F_{\lambda}$，于是：$F'\subset\bigcap_{\lambda}F_{\lambda}=F$，所以 F 闭.

(2) 任意多个开集之和是开集.

证法一 用De-Morgan公式和情形(1)，De-Morgan公式对于任意指标λ亦真.

设 $G=\bigcup_{\lambda}G_{\lambda}$，$G_{\lambda}$ 开，有

$$\mathscr{C}G=\mathscr{C}(\bigcup_{\lambda}G_{\lambda})=\bigcap_{\lambda}\mathscr{C}G_{\lambda}$$

因为 G_{λ} 开，所以 $\mathscr{C}G_{\lambda}$ 闭，由情形(1) 知，$\bigcap_{\lambda}\mathscr{C}G_{\lambda}$ 闭，所以 G 开.

证法二 用定义直接证明.

因为 $G=\bigcup_{\lambda}G_{\lambda}$，$G_{\lambda}$ 开，任一 $x\in G$，有 λ_0 使 $x\in G_{\lambda_0}$，因为 G_{λ_0} 是开集，所以

$$\exists N(x,\delta_0)\subset G_{\lambda_0}\subset G$$

由 $x\in G$ 任意性知，G 开.

注 既开又闭的集是存在的，例如 X,Φ 就是这种既开又闭的集，称之为“开闭集”. 为了与一般的“开闭集”区别，称 X,Φ 为“平凡的开闭集”. 此点说明将在连通集一节用到.

124 证明 E' 是闭集.

证 只需证$(E')'\subset E'$.

对于任一 $x\in(E')'$ 及对于任一 $N(x,\delta)$ 至少含有一点 $x_1\in E'$，取 $\delta_1<\delta-\rho(x,x_1)$，有 $N(x_1,\delta_1)\subset N(x,\delta)$，因为 $x_1\in E'$，所以在 $N(x_1,\delta_1)$ 中有无穷多个 E 中的点，从而在 $N(x,\delta)$ 中含有无穷多个 E 中的点，所以 $x\in E'$，即$(E')'\subset E'$.

125 证明 $\overline{E}$ 是闭集，即$(\overline{E})'\subset\overline{E}$.

证 因为 $\overline{E}=E+E'$，故$(\overline{E})'=(E+E')'=E'+E''$，由上题知，$E''\subset E'$，所以$(\overline{E})'=E'+E''=E'\subset\overline{E}$，故 $\overline{E}$ 是闭集.

126 证明 M 是闭集的充要条件是 $\overline{M}=M$.

证法一 必要性. 若 M 是闭集，则 $M'\subset M$，又 $\overline{M}=M+M'$，故 $\overline{M}=M$.
充分性. 若 $M=\overline{M}$，由上题知 $\overline{M}$ 是闭集，故 M 闭.

证法二 利用对偶性.

必要性. 若 M 闭，则 $X-M=\mathscr{C}M$ 是开集，即对于任一 $x\in X-M$(即 $x\,\overline{\in}$

M)，$\exists N(x,\delta)\subset X-M$，即

$$N(x,\delta)\cdot M=\phi$$

所以 $x\overline{\in}M'$，由 x 任意性知，$M'\subset M$，从而

$$\overline{M}=M+M'=M$$

充分性. 设 $\overline{M}=M$，求证 M 闭，只需证 $X-M$ 是开集. 事实上：$X-M=X-\overline{M}=\mathscr{C}\overline{M}$ 是 M 的外部(对于任一 $x\in X-M$，则 $x\overline{\in}M$，又 $M=\overline{M}=M+M'$，即 $x\overline{\in}M$ 且 $x\overline{\in}M'$，故 $\exists N(x,\delta_0)$，使 $N(x,\delta_0)\cdot M=\phi$，即 $N(x,\delta_0)\subset X-M$)，从而 $X-M$ 是开集，即 M 是闭集.

127 证明：$\overline{\overline{M}}=\overline{M}$.

证法一 已知 $\overline{M}\subset\overline{\overline{M}}$，只需证 $\overline{\overline{M}}\subset\overline{M}$.

任一 $x\in\overline{\overline{M}}$，则对于任意 $N(x,\delta)$ 至少存在一点 $y\in\overline{M}$，使 $y\in N(x,\delta)$，即 $\exists\delta_1$，使

$$N(y,\delta_1)\subset N(x,\delta)$$

又因为 $y\in\overline{M}$，对于上述 $N(y,\delta_1)$，存在点 $x'\in M$，使

$$x'\in N(y,\delta_1)\subset N(x,\delta)$$

所以 $x\in\overline{M}$，由 x 任意性，知 $\overline{\overline{M}}\subset\overline{M}$，故 $\overline{M}=\overline{\overline{M}}$.

证法二 利用闭包是闭集.

由闭包的定义

$$\overline{\overline{M}}=\overline{M}+(\overline{M})'$$

又因 $\overline{M}$ 闭，所以

$$(\overline{M})'\subset\overline{M}$$

即

$$\overline{\overline{M}}=\overline{M}+(\overline{M})'=\overline{M}$$

128 证明 $\overline{A+B}=\overline{A}+\overline{B}$.

证 (1) 因为

$$A\subset A+B,B\subset A+B$$

由闭包单调性知

$$\overline{A}\subset\overline{A+B},\overline{B}\subset\overline{A+B}$$

故

$$\overline{A}+\overline{B}\subset\overline{A+B}$$

(2) 因为 $\overline{A}$，$\overline{B}$ 闭，所以 $\overline{A}+\overline{B}$ 闭. 由充要条件知

$$\overline{\overline{A}+\overline{B}}=\overline{A}+\overline{B}, A+B\subset\overline{A}+\overline{B}$$

再由闭包单调性,知

$$\overline{A+B}\subset\overline{\overline{A}+\overline{B}}=\overline{A}+\overline{B}$$

由情形(1),(2) 知

$$\overline{A+B}=\overline{A}+\overline{B}$$

129 在度量空间中任意集 M 的闭包是包含 M 的最小闭集.

证 (1) 先证 $\overline{M}$ 是包含 M 的闭集. 事实上,因为 $M\subset\overline{M}$,且 $\overline{M}$ 是闭集.

(2) 下面证 $\overline{M}$ 最小. 对于任一闭集 $F\supset M$,则 $F=\overline{F}\supset\overline{M}$(单调性),由 F 任意性知,$\overline{M}$ 是包含 M 的最小闭集.

130 任意集 $A\subset X$,它的内部 $\mathscr{C}(\overline{\mathscr{C}A})$ 是含于 A 中最大开集.

证 (1) 先证 $\mathscr{C}(\overline{\mathscr{C}A})$ 是开集. 事实上,因为闭包 $\overline{\mathscr{C}A}$ 是闭集,所以 $\mathscr{C}(\overline{\mathscr{C}A})$ 是开集,且内部 $\mathscr{C}(\overline{\mathscr{C}A})\subset A$.

(2) 再证是最大开集. 任一开集 $G\subset A$,则 $\mathscr{C}G\supset\mathscr{C}A$,从而 $\overline{\mathscr{C}G}\supset\overline{\mathscr{C}A}$,又 $\mathscr{C}G$ 是闭集,所以 $\mathscr{C}G=\overline{\mathscr{C}G}\supset\overline{\mathscr{C}A}$,两边取余,得 $G\subset\mathscr{C}(\overline{\mathscr{C}A})$,由 G 的任意性知,$\mathscr{C}(\overline{\mathscr{C}A})$ 是含于 A 中最大开集.

131 为了书写方便,我们暂时(只限于本题) 以 A^- 表示闭包,以 A' 表示 A 之余集.

求证:$A^{-1-1-1-1}=A^{-1-1}$.

证 因为 A^{1-1} 是 A 的内部,即 $A^{1-1}=A^0$,于是,$A^{-1-1}=(A^-)^0\subset A^-$ ($A^0\subset A$,内部含于本身). 从而,$A^{-1-1-}=[(A^-)^0]^-\subset[A^-]^-=A^-$ (闭包的单调性:若 $A\subset B$,则 $A^-\subset B^-$),所以,$A^{-1-1-1-1}=(A^{-1-1-})^0\subset(A^-)^0=A^{-1-1}$(若 $A\subset B$,则 $A^0\subset B^0$). 又 $A^{-1-1}=(A^-)^0=[(A^-)^0]^0=(A^{-1-1})^0\subset[(A^{-1-1})^-]^0=A^{-1-1-1-1}$(因为 $A\subset A^-$).

132 证明:任一闭集 F 均可表为可数多个开集之积;任一开集均可表为可数多个闭集之和,即

$$F=\bigcap_{n=1}^{\infty}G_n, G=\bigcup_{n=1}^{\infty}F_n$$

证 (1)$F=\bigcap\limits_{n=1}^{\infty} G_n$.

令 $G_n=\bigcup\limits_{x\in F} N(x,\frac{1}{n})$(显然 G_n 是开集),则 $F=\bigcap\limits_{n=1}^{\infty} G_n$. 事实上,$F\subset G_n(n=1,2,\cdots)$,从而 $F\subset\bigcap\limits_{n=1}^{\infty} G_n$;又任一 $y_0\in\bigcap\limits_{n=1}^{\infty} G_n$,这时一定有一点 $x_0\in F$,使 $y_0\in N\left(x_n,\frac{1}{n}\right)$(不难证明),从而有 $\rho(x_n,y_0)<\frac{1}{n}(n=1,2,\cdots)$,所以 $y_0\in F+F'$,由于 F 是闭集,故 $y_0\in F$,又由 y_0 任意性知,$\bigcap\limits_{n=1}^{\infty} G_n\subset F$,从而 $F=\bigcap\limits_{n=1}^{\infty} G_n$.

(2)$G=\bigcup\limits_{n=1}^{\infty} F_n$.

由情形(1)知,$G=\mathscr{C}(\mathscr{C}G)=\mathscr{C}(\bigcap\limits_{n=1}^{\infty} G_n)=\bigcup\limits_{n=1}^{\infty}\mathscr{C}G_n=\bigcup\limits_{n=1}^{\infty} F_n$(其中 F_n 闭).

133 平面上一个不空开集是连通的,其充要条件是:该集中的任意两点可用整个位于该集内的折线联结起来.

证 必要性.设 A 为一开连通集,选定一点 $a\in A$,将 A 中的点分成两类,凡可用 A 中折线与 a 联结的点的全体记为 A_1,不能用 A 中折线与 a 联结的点全体记为 A_2,那么 A_1,A_2 皆为开集.事实上:

若 $a_1\in A_1\subset A$,因为 A 是开集,所以 $\exists N(a_1,\delta)\subset A$,这个邻域的所有点均可与 a_1 相连,由此可用折线与 a 相连,所以整个邻域 $N(a_1,\delta)\subset A_1$,因此 A_1 是开集.

若 $a_2\in A_2\subset A$,同理有 $N(a_2,\delta)\subset A$,则该邻域中所有点都不能与 a 相连(不然,设有 $a_3\in N(a_2,\delta)$,能与 a 相连,则 a 通过 a_3 也能与 a 相接,这与 $a_2\in A_2$ 矛盾),故 $N(a_2,\delta)\subset A_2$,所以 A_2 是开集.

即开连通集 $A=A_1+A_2$,A_1,A_2 是开集,$A_1\cdot A_2=\phi$,则必有 $A_1=\phi$,或 $A_2=\phi$,但因 $a\in A_1$,故知 A_1 不空,则必有 A_2 空,也就是说 A 中所有点都可与 a 相连.

充分性.非空开集 A 中任意两点皆被属于该集中的折线联结,则 A 是连通集.

设 A 是非空开集,且存在开集 $A_1,A_2\subset A$,使得 $A=A_1+A_2$,且 $A_1\cdot A_2=\phi$. 假设 A_1,A_2 非空,则有 $a_1\in A_1,a_2\in A_2$,这两点可用折线联结,于是这折线必有一段联结 A_1 中的点到 A_2 中的点,因此我们只需研究 a_1,a_2 可用一线段联结即可.这一线段的参数方程式是 $z=a_1+t(a_2-a_1)$,其中 $0\leqslant t\leqslant 1$,在区间 $0<t<1$ 中分别与 A_1 及 A_2 中的点对应的两个子集,它们是开集,且

互不相交又不空，这与区间的连通性矛盾. 从而 A_1 与 A_2 必有一空集，这与假设 A_1, A_2 非空矛盾.

134 证明非连通空间的充要条件是含有非平凡的“开闭集”.

证 必要性. 设空间 M 是非连通的，按定义，存在非空的开集 $G_1 \subset M$，$G_2 \subset M$，使得 $M = G_1 + G_2$，且 $G_1 \cdot G_2 = \phi$. 所以 $G_1 = M - G_2$，因 G_2 开，所以 $G_1 = M - G_2 = M \cdot \mathscr{C}G_2$，$G_1$ 闭，所以 G_1 是“开闭集”；又因 $G_2 = M - G_1$，所以 G_2 也是“开闭集”，又 G_1, G_2 非空，所以 G_1, G_2 是非平凡的“开闭集”.

充分性. 设 $G_1 \subset M$ 是非平凡的“开闭集”，令 $G_2 = M - G_1$，则 G_2 也是非平凡的“开闭集”. 于是得：$M = G_1 + G_2$，$G_1 \cdot G_2 = \phi$，G_1, G_2 非空，所以 M 是非连通集.

135 证明：若 A 是连通集，则 $\overline{A}$ 也是连通集.

证 设闭集 $F_1 \cdot F_2 \subset X$，使 $\overline{A} \subset F_1 + F_2$，且 $\overline{A} \cdot F_1 \cdot F_2 = \phi$. 由 $A \subset F_1 + F_2 \Rightarrow A = F_1 A + F_2 A$，且 $A \cdot F_1 \cdot F_2 = \phi$，因为 A 连通，所以 $F_1 \cdot A = \phi$ 或 $F_2 A = \phi$，不妨设 $F_2 A = \phi$，则 $A = F_1 \cdot A$，即 $A \subset F_1$，于是 $\overline{A} \subset \overline{F}_1 = F_1$（因为 F_1 闭），因此 $\overline{A} \cdot F_2 = \phi$，所以 $\overline{A}$ 连通.

136 证明：R^1 空间是连通集.

证 采用反证法：假设 $R^1 = (-\infty, +\infty)$ 是非连通集，由定义，存在非空闭集 $F_1, F_2 \in R^1$，使得 $R^1 = F_1 + F_2$ 且 $F_1 \cdot F_2 = \phi$，因为 F_1, F_2 非空，所以存在 $a_1 \in F_1, b_1 \in F_2$，不妨设 $a_1 < b_1$，将区间 $[a_1, b_1]$ 二等分，必有一个区间的左端点属于 F_1，右端点属于 F_2，记这个区间为 $[a_2, b_2]$，这样继续下去，得到闭区间套

$$[a_1, b_1] \supset [a_2, b_2] \supset \cdots \supset [a_n, b_n] \supset \cdots$$

其左端点集合 $\{a_n\} \subset F_1$，右端点集合 $\{b_n\} \subset F_2$，且 $b_n - a_n = \dfrac{1}{2^{n-1}} \to 0$，由数学分析“区间套”定理知，有唯一公共点 c，使 $\lim\limits_{n \to \infty} a_n = \lim\limits_{n \to \infty} b_n = c$，又因 F_1, F_2 都是闭集，所以根限点 $c \in F_1, c \in F_2$，从而 $c \in F_1 \cdot F_2$，即 $F_1 \cdot F_2 = \phi$，这与 $F_1 \cdot F_2 = \phi$ 矛盾. 故 R^1 应为连通集.

137 证明：复平面上为使两个开圆盘的和集是连通的充要条件是：两个圆盘中心距小于半径之和.

证 设两个圆盘为 A,B,其中心分别为 a,b,半径为 r_1 和 r_2.

必要性.设两个开圆盘之和 $A+B$ 是连通的,则

$$|a-b|<r_1+r_2$$

事实上,假如不然,设

$$|a-b|\geqslant r_1+r_2$$

则必有 $A\cdot B=\phi$.这是因为,对于任意 $z\in A$,有 $|z-a|<r_1$,那么

$$|z-b|\geqslant|b-a|-|a-z|>r_1+r_2-r_1=r_2$$

所以 $z\overline{\in} B$.即 $A\cdot B=\phi$,又开盘 A,B 是非空开集,且 $C=A+B$,也是开集,这与 $C=A+B$ 是连通集矛盾.

充分性.若

$$|a-b|<r_1+r_2$$

则集 $A+B$ 是连通的.

若

$$|a-b|<r_1+r_2$$

则 $A\cdot B\neq\phi$(证明从略).下证连通性:任取 $A+B$ 内的两点 α,β,若 α 与 β 同属于 A(或同属于 B),则由 A,B 的连通性知,α 与 β 可用完全属于 A(或 B)中折线联结;若 α 与 β 分别属于 A 与 B,那么由 $A\cdot B\neq\phi$,取一点 $z_0\in A\cdot B$,由于 A,B 是开盘,所以 z_0 同时是 A 和 B 的内点,由于 α 与 z_0 同属于 A,则可用完全属于 A 的折线联结;同理 β 与 z_0 也可用完全属于 B 的折线联结.故 α 和 β 可通过 z_0,用完全属于 $A+B$ 的折线联结起来.由平面上连通集的充要条件知,$A+B$ 是连通集.

138 证明:在复平面上,从一个区域中去掉有限个点,则结果仍是一个区域.

证 分步证明如下:

(1)一个区域去掉有限个点后仍不空;

(2)仍是开集:设 $A'=A-\{z_i\}(i=1,2,\cdots,n)$,其中 z_i 是被除掉的点.对于任一 $a\in A'$,显然 $a\in A$,由于 A 是开集,所以存在 $N(a,\delta_0)\subset A$,取 $\delta<\min\limits_{1\leqslant i\leqslant n}\{\delta_0,|z_i-a|\}$,则 $N(a,\delta)\subset A'$,(因为 $|z_i-a|>\delta$,所以 $z_i\overline{\in} N(a,\delta)$),由 a 之任意性知,A' 是开集.

(3)是连通集;

任取 $a_1,a_2\in A'$,则 $a_1,a_2\in A$,因 A 是连通集,所以可有完全属于 A 的折线段将 a_1,a_2 联结起来.若在该折线上没有 $\{z_i\}(i=1,2,\cdots,n)$ 中的点,则该折

线也完全属于 A'，定理得证.

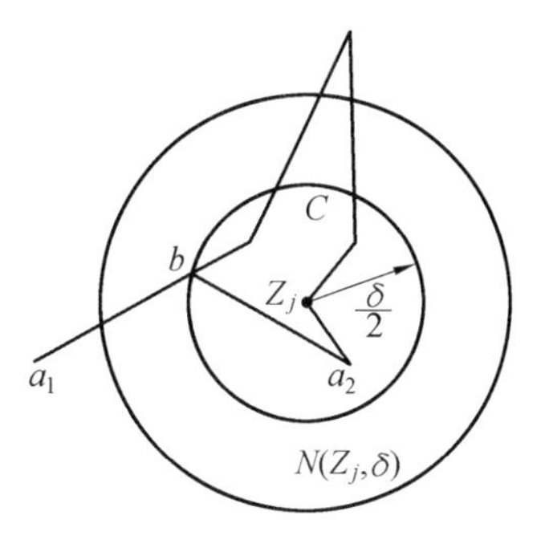

图 1.18

若在该折线上有 $\{z_i\}$ 中的点，不妨从 a_1 出发，沿该折线向 a_2 移动，第一个遇到的 $\{z_i\}$ 中的点，是 z_j（有可能在转折点上），因为 $z_j \in A$，而 A 是开集，从而存在 $N(z_j,\delta_1) \subset A$，以 z_j 为中心，$\delta < \min\limits_{\substack{1\leqslant i\leqslant n\\ i\neq j}}\{\delta_1, |z_i - z_j|\}$ 为半径作圆域 $N(z_i,\delta)$，则在 $N(z_i,\delta)$ 中除 z_j 点外，全部属于 A'. 考虑 $C: |z - z_j| = \frac{\delta}{2}$. 若圆 C 和折线有奇数个交点：说明 a_2 在圆 C 内，取 a_1 沿折线移动和圆 C 的第一个交点 b，与 a_2 直接联结（图 1.18）问题得证.

若折线与圆有偶数个交点，则抹去所有那些在圆 C 外并和 C 的一段弧构成闭路的一部分折线（如图 1.19 中，折线 egf）. 最后剩下不是这样的交点只有两个 b_1 和 b_2.

若 b_1 和 b_2 不是圆 C 一个直径上的两个端点，则用直线段把 b_1 和 b_2 联结起来（此时 $\overline{b_1b_2}$ 不过 z_j）；若 b_1 和 b_2 恰是圆 C 直径的两个端点，则在圆 C 上另取一点 b_3（不妨取半圆弧 $\widehat{b_1b_2}$ 的中点）再用两条直线段连成折线（如图 1.20）.

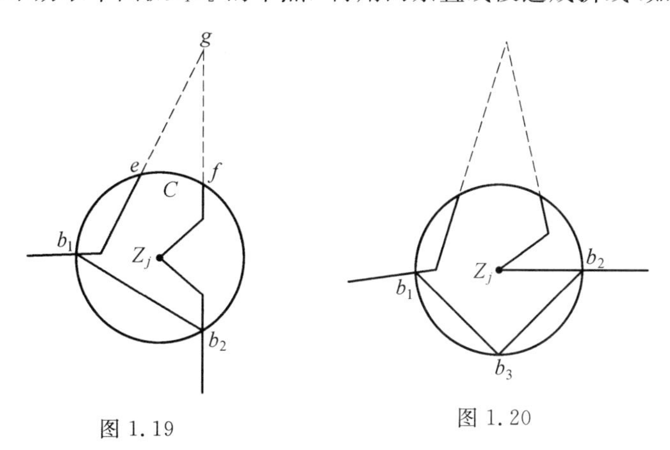

图 1.19　　图 1.20

对于其他线段照此办理，经过有限次处理，a_1 与 a_2 可被完全属于 A' 的折线段相联结. 由 a_1, a_2 之任意性知，A' 中任何两点都可被完全属于 A' 的折线段联结起来，由平面上连通集的充要条件知，A' 是连通集.

注意　从 R^1 中去掉有限个点，那么剩下的空间将不是连通的.

139 开集族 $\{O_\lambda, \lambda \in \Lambda\}$ 成为空间 R 的基底的充要条件是：对于

任一开集 $O\subset R$ 及任一 $x\in O$，总存在 $O_\lambda\in\{O_\lambda\}$，使得 $x\in O_\lambda\subset O$.

证 必要性. 因为 $\{O_\lambda\}$ 是基底，所以对于任一开集 $O\subset R$，有 $O=\bigcup_{\lambda\in\Lambda_1}O_\lambda$，故对于任一 $x\in O$，有 $\lambda\in\Lambda_1$，使 $x\in O_\lambda$，显然 $O_\lambda\in O$.

充分性. 若 O 是任一开集，对于任一 $x\in O$，有 $O_\lambda(x)$，使 $x\in O_\lambda\subset O$，则

$$\bigcup_{x\in O}O_\lambda(x)=O$$

140 在度量空间中，具有可数基底与可分等价. 即具有可数基底的充要条件是可分.

证 必要性. 设 R 具有可数基底 $\{O_n\}$ 且 $n=1,2,\cdots$，则在每一个 O_n 中选一点 x_n，使 $x_n\in O_n-\bigcup_{i=1}^{n-1}\{x_i\}$，则 $\{x_n\}$ 就是 R 中处处稠密的可数集.

事实上，任一 $x\in R$，及任一邻域 $O_\varepsilon(x)$，由上题，有 $O_{n_0}\in\{O_n\}$，使得 $x\in O_{n_0}\subset O_\varepsilon(x)$. 因为 $x_{n_0}\in O_{n_0}\subset O_\varepsilon(x)$，即在点 x 的任一邻域内至少含有 $\{x_n\}$ 中一点 x_{n_0}，由 x 的任意性知，$\{x_n\}$ 在 R 中处处稠密.

充分性. 因为 R 可分，所以存在处处稠密的可数集. 设 $\{x_n\}(n=1,2,\cdots)$ 是 R 中处处稠密的可数集，作球 $S\left(x_n,\frac{1}{K}\right)(n,k=1,2,\cdots)$，那么全体 $S\left(x_n,\frac{1}{K}\right)$ 的族 $\left\{S\left(x_n,\frac{1}{K}\right)\right\}$ 就是 R 中的可数基底. 事实上，$\left\{S\left(x_n,\frac{1}{K}\right)\right\}$ 是可数个可数多个集之族，故可数.

设任一开集 $O\subset R$，任一点 $x\in O$，因为 O 是开集，所以存在 m，使 $N\left(x,\frac{1}{m}\right)\subset O$，因为 $\{x_n\}$ 是 R 中处处稠密集，所以存在一点 $x_{n_0}\in\{x_n\}$，使 $\rho(x,x_{n_0})<\frac{1}{2m}$，于是有 $x\in S\left(x_{n_0},\frac{1}{2m}\right)$，又若任一 $y\in S\left(x_{n_0},\frac{1}{2m}\right)$，则

$$\rho(y,x)\leqslant\rho(y,x_{n_0})+\rho(x_{n_0},x)<\frac{1}{2m}+\frac{1}{2m}=\frac{1}{m}$$

所以

$$S\left(x_{n_0},\frac{1}{2m}\right)\subset N\left(x,\frac{1}{m}\right)\subset O$$

由上题知，$\left\{S\left(x_n,\frac{1}{K}\right)\right\}$ 形成 R 的一个可数基底.

141 林德洛夫(Lindelof)定理　若 R 是具有可数基底的度量空间，$M\subset X$，则 M 的任一开覆盖 $\{O_\lambda,\lambda\in\Lambda\}$ 中必有有限或可数子覆

盖$\{O_{\lambda_n}, n=1,2,\cdots\}$.

证 设$\mathscr{A}=\{A_k;(k=1,2,\cdots)\}$是$X$的可数基底,故对任一$\lambda\in\Lambda$,存在$\mathscr{A}_\lambda\subset\mathscr{A}$,使$O_\lambda=\bigcup\limits_{A_k\in\mathscr{A}_\lambda}A_k$,令$\mathscr{A}^*=\bigcup\limits_{\lambda\in\Lambda}\mathscr{A}_\lambda$,则$\mathscr{A}^*$是$M$的一个开覆盖,又$\mathscr{A}^*$作为$\mathscr{A}$的子族,故至多可数,因此,可令$\mathscr{A}^*=\{A_{k_1},A_{k_2},\cdots,A_{k_n}\cdots\}$,对于每一个$n$,必有$\lambda_n\in\Lambda$,使$A_{k_n}\subset O_{\lambda_n}$,于是$\{O_{\lambda_1},O_{\lambda_2},\cdots\}$至多可数.又$M\subset\bigcup\limits_n A_{k_n}\subset\bigcup\limits_n O_{\lambda_n}$,这样$\{O_{\lambda_1},O_{\lambda_2},\cdots\}$是$\{O_\lambda,\lambda\in\Lambda\}$的至多可数子族,且是$M$的覆盖.

142 证明:度量空间中每一收敛序列都是基本列.

证 设X中的任一序列$\{x_n\}$,有$\lim\limits_{n\to\infty}x_n=x\in X$,由定义,对于任给$\varepsilon>0$,$\exists N>0$,使得只要$n>N$,总有$\rho(x_n,x)<\frac{\varepsilon}{2}$,于是$n',n''>N$时,有

$$\rho(x_{n'},x_{n''})\leqslant(x_{n'},x)+(x,x_{n''})<\frac{\varepsilon}{2}+\frac{\varepsilon}{2}=\varepsilon$$

即对于任给$\varepsilon>0$,$\exists N>0$,使得只要$n',n''>N$,总有$\rho(x_{n'},x_{n''})<\varepsilon$.所以$\{x_n\}$是基本列.

143 n维欧几里得空间R^n是完备的.

证 设$\{x_i\}=\{(x_i^{(1)},x_i^{(2)},\cdots,x_i^{(n)})\}$是基本列,即对于任给$\varepsilon>0$,$\exists N$,使得对于任何$p,q>N$,有

$$\rho(x_p,x_q)=\sqrt{\sum_{k=1}^n(x_p^{(k)}-x_q^{(k)})^2}<\varepsilon$$

于是,对于每一个$k=1,2,\cdots,n$,以及一切$p,q>N$,有

$$|x_p^{(k)}-x_q^{(k)}|<\varepsilon$$

这就是说,$\{x_p^{(k)}\}$是R^1中的基本列,由柯西准则知

$$\lim_{p\to\infty}x_p^{(k)}=x^{(k)}\in R^1$$

设$x=(x^{(1)},x^{(2)},\cdots,x^{(n)})$,由于

$$|x_p-x|=\sqrt{\sum_{k=1}^n(x_p^{(k)}-x^{(k)})^2}\leqslant\sum_{k=1}^n|x_p^{(k)}-x^{(k)}|$$

所以

$$\lim_{p\to\infty}x_p=x\in R^n$$

144 完备的度量空间$R=(X,\rho)$中的子集A,作为子空间(A,ρ)

是完备的充要条件是：A 为 X 中的闭子集.

证 充分性. 设 $R=(X,\rho)$ 是完备空间，且 $A\subset X$ 是闭集.

任一基本列 $\{x_n\}\subset A$，由于 R 是完备空间，所以 $\{x_n\}$ 在 X 中收敛，即 $\lim\limits_{n\to\infty}x_n=x\in X$，又因 A 是 X 中闭集，所以 $x\in A$. 由定义知，A 为完备空间.

必要性. 设 $R=(X,\rho)$ 是完备空间，且 $A\subset X$，A 也是完备空间，则 A 在 X 中闭.

反证法，如果 A 不闭，则 $A'-A$ 不空. 设 $y\in A'-A$，则存在一序列 $\{x_n\}\subset A$，使 $\lim\limits_{n\to\infty}x_n=y\notin A$，因 $\{x_n\}$ 是 X 中收敛序列，所以，必是 X 中的基本列. 又因 $\{x_n\}\subset A$，所以 $\{x_n\}$ 也是 (A,ρ) 中的基本列. 由于 A 是完备的，所以 $\lim\limits_{n\to\infty}x_n=y\in A$，这与 $y\notin A$ 矛盾，所以 A 是 X 中的闭子集.

145 度量空间 $R=(X,\rho)$ 为完备空间的充要条件是：每一半径趋于零的非空闭球套有单元素集的非空交.

证 必要性. 设 $R=(X,\rho)$ 完备，且 $\{S_n\}=\{(x_n,r_n)\}$ 是闭球族，其中 $S(x_n,r_n)$ 是 X 中点 x_n 的 r_n 邻域的闭包，且满足：

(1) $S_{n+1}\subset S_n$，其中 S_n 非空 $(n=1,2,\cdots)$；

(2) 半径 $r_n\to 0$.

首先证明球心组成序列 $\{x_n\}$ 是基本列：

事实上，由情形(2)知，对于任给 $\varepsilon>0$，$\exists N>0$，使得只要 $n\geqslant N$，总有 $r_n<\frac{\varepsilon}{2}$. 又对于任何 $m>n\geqslant N$，由情形(1)有

$$S(x_m,r_m)\subset S(x_n,r_n)\subset S(x_N,r_N)$$

从而 $x_n,x_m\in S(x_N,r_N)$，故

$$\rho(x_m,x_n)<2r_N<\varepsilon$$

所以 $\{x_n\}$ 是基本列，又由于空间 R 是完备的，故

$$\lim_{n\to\infty}x_n=x\in X$$

其次证明非空：

对 x 的任意邻域 $N(x,r)$，当 $n>N$ 时，$x_n\in N(x,r)$. 又对于任意闭球 S_k，当 $n>N_1$ 时，$x_n\in S(x_k,r_k)$，故 x 是每一个球 S_n 的聚点.

又因 S_n 是闭球，所以 $x\in S_n$，$n=1,2,\cdots$，从而 $x\in\bigcap\limits_{n=1}^{\infty}S_n$，即 $\bigcap\limits_{n=1}^{\infty}S_n\neq\phi$（不仅如此，由于 $r_n\to 0$，还可证明这种点是唯一的）.

充分性. 反证法：假如 R 不完备，设 $\{x_n\}$ 是 X 中没有极限的基本列. 构造一闭球套：

因为$\{x_n\}$是基本列，所以存在n_1，使对一切$m>n_1$，有$\rho(x_{n_1},x_m)<\dfrac{1}{2}$.
设$S_1=S(x_{n_1},1)$为闭球，存在$n_2>n_1$，使对一切$m>n_2$，有$\rho(x_{n_2},x_m)<\dfrac{1}{2^2}$.
用S_2表示闭球$S\left(x_{n_2},\dfrac{1}{2}\right)$，因为$n_2>n_1$，故$\rho(x_{n_2},x_{n_1})<\dfrac{1}{2}$，所以对于任何$x\in S\left(x_{n_2},\dfrac{1}{2}\right)$，有

$$\rho(x,x_{n_1})\leqslant\rho(x,x_{n_2})+\rho(x_{n_2},x_{n_1})<\frac{1}{2}+\frac{1}{2}=1$$

所以$x\in S(x_{n_1},1)$，即$S_2\subset S_1$，再设$n_3>n_2$，使对一切$m>n_3$，有$\rho(x_{n_3},x_m)<\dfrac{1}{2^3}$，用$S_3$表闭球$S\left(x_{n_3},\dfrac{1}{2^2}\right)$，继续下去，……，得一闭球套$\{S_n\}$，其中$S_n$的半径$r_n=\dfrac{1}{2^{n-1}}$，则这个闭球套的交集是空集. 事实上，如不然，设$x\in\bigcap\limits_k S_k$，即$x\in S_k$，$k=1,2,\cdots$

对于任给$\varepsilon<0$，$\exists k$，使得$\dfrac{1}{2^{k-2}}<\varepsilon$，由于$S_k=S\left(x_{n-k},\dfrac{1}{2^{k-1}}\right)$，而对于一切$n>n_k$，有$x_n\in S_k$，故有$\rho(x,x_n)<\dfrac{1}{2^{k-2}}<\varepsilon$. 即$\lim\limits_{n\to\infty}x_n=x$，这与$\{x_n\}$没有极限矛盾.

即R中每一个基本列都收敛，从而空间R是完备的.

146 若M是R中的列紧集，则M为完全有界的.

证 假如不然，设M不是完全有界，即对于某个$\varepsilon_0>0$，不存在M的有穷ε_0一纲. 任取$x_1\in M$，必有$x_2\in M$，使得$\rho(x_1,x_2)>\varepsilon_0$，否则$\{x_1\}$即为$M$的$\varepsilon_0$一纲，矛盾. 同理有$x_3\in M$，使得$\rho(x_1,x_3)>\varepsilon_0$，$\rho(x_2,x_3)>\varepsilon_0$（不然$\{x_1,x_2\}$即为$M$的$\varepsilon_0$一纲）. 这样继续下去，……，得到一点列$\{x_n\}$，对于任何$m\neq n$，有$\rho(x_n,x_m)>\varepsilon_0$. 但另一方面，由于$M$是$R$中的列紧集，且$\{x_n\}\subset M$，则有：$\{x_{n_k}\}\subset\{x_n\}\subset M$，使得$\lim\limits_{k\to\infty}x_{n_k}=x\in X$，这与$\rho(x_m,x_n)>\varepsilon$矛盾.

147 设度量空间R是完备的，$M\subset R$，若M是完全有界的，则M是列紧的.

证 只需证明从任一序列$\{x_n\}\subset M$中，可选出收敛于R的子序列.

因为M为完全有界，故对于任何$\varepsilon>0$，$\exists M$的有穷ε一网. 令$\varepsilon_K\to 0$

$(K=1,2,\cdots)$，对于每一个 ε_K，给出 M 的有穷 ε_K — 网：$\{\alpha_1^{(K)},\alpha_2^{(K)},\cdots,\alpha_{N_k}^{(K)}\}$.

绕 M 的 ε_1 — 网的每一点 $a_i^{(1)}(i=1,2,\cdots,N_1)$，作一个半径为 ε_1 的球 $S(a_i^{(1)},\varepsilon_1)$，则 $\{x_n\}=\bigcup\limits_{i=1}^{N_1}S(a_i^{(1)},\varepsilon_1)$，所以至少有一个球，设为 $S(a_{i_1}^{(1)},\varepsilon_1)$，含有 $\{x_n\}$ 的无穷子列 $\{x_n^{(1)}\}$. 其次，绕 M 的 ε_2 — 网的每一点 $a_i^{(2)}(i=1,2,\cdots,N_2)$，作一个半径为 ε_2 的球 $S(a_i^{(2)}\varepsilon_2)$，则 $\{x_n^{(1)}\}\subset\bigcup\limits_{i=1}^{N_2}S(a_i^{(2)},\varepsilon_2)$，至少有一个球设为 $S(a_{i_2}^{(2)},\varepsilon_2)$ 含有 $\{x_n^{(1)}\}$ 中无穷子列 $\{x_n^{(2)}\}$，……，这样继续下去，得序列

$$
\begin{array}{c}
x_1^{(1)},x_2^{(1)},\cdots,x_n^{(1)},\cdots\\
x_1^{(2)},x_2^{(2)},\cdots,x_n^{(2)},\cdots\\
\vdots\\
x_1^{(n)},x_2^{(n)},\cdots,x_n^{(n)},\cdots\\
\vdots
\end{array}
$$

选出对角线子序列

$$x_1^{(1)},x_2^{(2)},\cdots,x_n^{(n)},\cdots$$

显然，这个序列是基本列，这是因为 $m>n$ 时

$$\rho(x_n^{(n)},x_m^{(m)})<\rho(x_n^{(n)},\alpha_{i_n}^{(n)})+\rho(a_{i_n}^{(n)},x_m^{(m)}))<2\varepsilon_n\to 0$$

又因 R 是完备空间，所以 $x_n^{(n)}\to x\in X$，所以 M 是 R 中的列紧集.

148 *证明在度量空间中，若 M 为完全有界，则 M 为有界集(即存在实数 $K>0$，使得对于任何 $x_1,x_2\in M$，有 $\rho(x_1,x_2)<K$)，但反之不真.*

证 因为 M 为完全有界，即对于任给 $\varepsilon>0$，M 总有有穷的 ε — 网存在，亦即 $\exists A=\{a_1,a_2,\cdots,a_n\}\subset X$，使得任一 $x\in M$，有 $a_i\in A$，满足 $\rho(x,a_i)\leqslant\varepsilon$. 因为 $\{a_1,a_2,\cdots,a_n\}$ 有限，所以可取 $d=\max\limits_{1\leqslant j\leqslant n}\{\rho(a_i,a_j)\}$，则对于任一 $x\in M,x'\in M$，有 $a_i\in A,a_j\in A,1\leqslant j\leqslant n$，使得 $\rho(x,a_i)\leqslant\varepsilon,\rho(x',a_j)\leqslant\varepsilon$，从而

$$\rho(x,x')\leqslant\rho(x,a_i)+\rho(a_i,a_j)+\rho(a_j,x')<\varepsilon+d+\varepsilon=2\varepsilon+d$$

由 $x,x'\in M$ 的任意性知，M 有界.

反之不真，如 l_2 空间(参考第 117 题，当 $P=2$ 时) 中单位球 S 是有界集，但非完全有界. 事实上，考虑点列

$$
\begin{array}{c}
e_1=(1,0,0,\cdots)\\
e_2=(0,1,0,\cdots)\\
\vdots
\end{array}
$$

则任意两点 $e_i,e_j(i\neq j)$ 的距离(记:$e_i=(x_1,x_2,\cdots,x_n,\cdots),e_j=(y_1,y_2,\cdots,y_n,\cdots)$)为

$$\rho(e_i,e_j)=\sqrt{\sum_{k=1}^{\infty}(x_k-y_k)^2}=\sqrt{1+1}=\sqrt{2}$$

故对于 $\varepsilon<\frac{\sqrt{2}}{2}$,$S$ 不能有有穷的 ε — 网.

注 由本题知,列紧集一定是有界集.

149 证明:n 维欧几里得空间 R^n 中的有界集 M 必为完全有界的.

证 因为 $M\in R^n$ 有界,故存在正数 $l>0$,使得对于任一 $x=(x_1,x_2,\cdots,x_n)\in M$,有 $|x_1|\leqslant l,|x_2|\leqslant l,\cdots,|x_n|\leqslant l$. 设 n 维立方体 $L=\{x=(x_1,x_2,\cdots,x_n);\underset{1<i\leqslant n}{|x_i|}\leqslant l\}$,则 $M\subset L$,把 n 维立方体分成边长小于等于 $\frac{\varepsilon}{\sqrt{n}}$ 的小立方体,则这些小立方体顶点的全体 $A=\{a^K\}$,其中 $a^K=(a_1^K,a_2^K,\cdots,a_n^K)$,构成 M 的有穷 ε — 网.

对于 $x\in M$,必在小立方体内,因而与小立方体的顶点之距离小于边长

$$\rho(x,a^K)=\left(\sum_{i=1}^{n}(x_i-a_i^K)^2\right)^{\frac{1}{2}}\leqslant\left(\sum_{i=1}^{n}\left(\frac{\varepsilon}{\sqrt{n}}\right)^2\right)^{\frac{1}{2}}<\varepsilon$$

150 度量空间 R 中的集合 M 完全有界的充要条件是:对于任给 $\varepsilon>0$,存在有限个点 $a_1,a_2,\cdots,a_n\in X$,使得

$$M\subset\bigcup_{i=1}^{n}V(a_i,\varepsilon)$$

证 必要性:设 M 完全有界,即对于任给 $\varepsilon>0$,$\exists A=\{a_1,a_2,\cdots,a_n\}\subset X$,对于任一 $x\in M$,有 $a_i\in A$,满足 $\rho(x,a_i)\leqslant\varepsilon\Rightarrow x\in V(a_i,\varepsilon)\subset\bigcup_{i=1}^{n}V(a_i,\varepsilon)$. 由 $x\in M$ 的任意性知,$M\subset\bigcup_{i=1}^{n}V(a_i,\varepsilon)$.

充分性:对于任给 $\varepsilon>0$,存在有限个 $a_1,a_2,\cdots,a_n\in X$,使得 $M\subset\bigcup_{i=1}^{n}V(a_i,\varepsilon)$.

即对于任一 $x\in M$,至少有一个 i,使得 $x\in V(a_i,\varepsilon)\Rightarrow\rho(x,a_i)<\varepsilon$. 所以 M 完全有界.

用此例叙述的形式作为完全有界的定义有时是方便的.

特别,若对于任给 $\varepsilon>0$,存在有限个点 $x_1,x_2,\cdots,x_n$,使得 $X=\bigcup_{i=1}^{n}V(x_i,$

ε),则称空间 $R=(X,\rho)$ 完全有界.

151 设 R 是完备的度量空间,$M\subset R$ 为列紧的充要条件是:对于任给的 $\varepsilon>0$,$\exists M$ 的列紧的 ε — 网.

证 必要性.因为 M 是列紧的,所以 M 是完全有界的,所以对于任给 $\varepsilon>0$,$\exists M$ 的有穷 ε — 网 A,因为 A 是有穷的,所以 A 是 R 中的列紧集,故 A 是 M 的列紧 ε — 网.

充分性.任给 $\varepsilon>0$,设 A 是 M 的列紧 $\frac{\varepsilon}{2}$ — 网,因为 A 是列紧的,所以是完全有界的,即存在 A 的有穷 $\frac{\varepsilon}{2}$ — 网 B,则 B 是 M 的有穷 ε — 网,事实上,任一 $x\in M$,有 $a\in A$,使 $\rho(x,a)\leqslant\frac{\varepsilon}{2}$,对于 $a\in A$,有 $b\in B$,使得 $\rho(a,b)\leqslant\frac{\varepsilon}{2}$.从而,对于任一 $x\in M$,有 $b\in B$,使得 $\rho(x,b)\leqslant\rho(x,a)+\rho(a,b)\leqslant\frac{\varepsilon}{2}+\frac{\varepsilon}{2}=\varepsilon$.所以 B 是 M 的有穷 ε — 网,故 M 是完全有界的,又 R 是完备的,所以 M 是列紧的.

152 设 M 是度量空间 $R=(X,\rho)$ 的列紧集,M 为列紧子空间(即自列紧)的充要条件是:M 在 R 中是闭的.

证 必要性.反证法,假如 M 不闭,则至少存在一个序列 $\{x_n\}\subset M$,使得 $\lim\limits_{n\to\infty}x_n=x\overline{\in}M$,这与 M 是自列紧矛盾.

充分性.因为 M 是 R 中的列紧集,所以任一序列 $\{x_n\}\subset M$,都有收敛于 X 的子列,即存在 $\{x_{n_k}\}\subset\{x_n\}$,使得 $\lim\limits_{k\to\infty}x_{n_k}=x\in X$,这时 x 是 M 的聚点,因为 M 闭,所以 $x\in M$,从而 M 是自列紧集.

153 欧几里得空间中的任一有界闭子集都是列紧空间,反之亦真.故如限于考虑 R^n,则可以用有界闭集定义“紧”.

证 因为欧几里得空间 R^n 是完备的,又 R^n 中的有界集 M 是完全有界集,所以 M 是 R^n 中的列紧集,又 M 在 R^n 中闭,所以由上题知,M 是列紧空间.

154 证明列紧空间中的任一闭子集是列紧空间.

证法一 因为列紧空间 R 的任一子集 A 显然是 R 中的列紧集,由第 152 题,闭的列紧集 A 是列紧空间.

证法二 设 A 是 X 中闭集，只需证明 A 中任一无穷集至少有一个聚点，且该聚点属于 A.

任一无穷子集 $A_1 \subset A \subset X$，因为 $R=(X,\rho)$ 是列紧空间，它的任一无穷集 A_1 至少有一个聚点 a 且 $a \in X$，因为 a 是 A_1 的聚点，所以 $a \in \overline{A}_1$，又 $\overline{A}_1 \subset \overline{A}$，$A$ 是闭的，所以 $\overline{A}=A$，即 $a \in A$.

155 设 F,A 是度量空间 $R=(X,\rho)$ 中的子集，若 F 是闭集，A 是列紧空间，则 $F \cdot A$ 是列紧空间.

证 因为 A 是列紧空间，所以 A 是闭集. 又因 F 是闭集，从而 $F \cdot A$ 也闭，又 $F \cdot A \subset A$，所以 $F \cdot A$ 是列紧空间 A 中的闭子集，由上题知，$F \cdot A$ 是列紧空间.

156 设 $R=(X,\rho)$ 是度量空间，若 R 是列紧空间，则 R 必是可分空间.

证 因为 R 是列紧空间，故 R 是完全有界的，即对于任给 $\varepsilon>0$，存在有限个点 $a_1,a_2,\cdots,a_N$，使得 $X=\bigcup\limits_{i=1}^{N} V(a_i,\varepsilon)$.

取 $\varepsilon_n=\dfrac{1}{n}$，必有 $(a_i^{(n)},i=1,2,\cdots,N_n)$，使得 $X=\bigcup\limits_{i=1}^{N_n} V\left(a_i^{(n)}\ \dfrac{1}{n}\right)$. 令 $A=\{a_i^{(n)},i=1,2,\cdots,N_N;n=1,2,\cdots\}$，即 A 表示所有不同 $a_i^{(n)}$ 的集，则这时 $\overline{A}=X$，事实上，A 至多可数是显然的.

任取 $x \in X$ 和任意的自然数 n，有自然数 i_0，使 $i_0 \leqslant N_n$ 及 $\rho(x,a_{i_0}^{(n)})<\dfrac{1}{n}$，从而 $a_{i_0}^{(n)} \in N(x,\dfrac{1}{n})$，所以 $A \cdot N(x,\dfrac{1}{n}) \neq \phi$，这对所有的 n 都成立，即 $x \in A+A'$，由 $x \in X$ 的任意性知，$X=\overline{A}$，从而 X 是可分的.

157 度量空间 $R=(X,\rho)$ 为紧空间的充要条件是 R 为列紧空间.

证 必要性. 设 R 为紧空间，要证 R 为列紧空间，为此，只需证明 X 中任一可数无穷集 $F=\{x_k,k=1,2,\cdots\}$ 至少有一个聚点.

反证法：假若 F 无聚点，则 $F'=\phi \subset F$，故 F 是闭的. 从而 $F_k=\{x_k,x_{k+1},\cdots\}$ 也是闭集. 又 $F_k \supset F_{k+1} \supset \cdots$，因此$\{F_k\}$是一个有有限交的闭集族，由于 $R=(X,\rho)$ 是紧空间，则 $\bigcap\limits_{k=1}^{\infty} F_k \neq \phi$，这与 $\bigcap\limits_{k=1}^{\infty} F_k=\phi$，矛盾.

充分性. 设 R 为列紧空间，故 R 是完全有界，从而是可分的，也就是具有可数基底的空间.

设$\{O_\lambda,\lambda\in\Lambda\}$是$X$的任一开覆盖,由于$R$具有可数基底,所以$\{O_\lambda,\lambda\in\Lambda\}$中有可数覆盖(Lindelof),设为$\{O_{\lambda_n}\}(n=1,2,\cdots)$,若$\{O_{\lambda_n}\}(n=1,2,\cdots)$中无有限覆盖,则对于任何$n$,必有$x_n\overline{\in}\bigcup_{i=1}^{n}O_{\lambda_i}$,从而必有一个无穷集序列$\{x_n\}(n=1,2,\cdots)$,此序列无聚点,如不然,设$x_0$是$\{x_n\}(n=1,2,\cdots)$的聚点,必有某$\lambda_{n_0}$,使$x_0\in O_{\lambda_{n_0}}$,于是有$N$,当$n>N$时,$x_n\in O_{\lambda_{n_0}}$,这与$n>n_0$时,$x_n\overline{\in}\bigcup_{i=1}^{n}O_{\lambda_i}$矛盾,故$x_0$不可能是$\{x_n\}(n=1,2,\cdots)$的聚点,这与$R$是列紧空间矛盾,故$\{O_{\lambda_n}\}(n=1,2,\cdots)$中有有限覆盖,由定义知,$R$是紧空间.

158 设M是X中紧致集,证明M是完全有界.

证 对于任给$\varepsilon>0$,令$\mathscr{A}=\{V(x,\varepsilon),x\in M\}$,则$\mathscr{A}$是$M$的开覆盖,由$M$的紧致性,可知,从$\mathscr{A}$中可取出有限个开覆盖,即有$x_1,x_2,\cdots,x_n$,使$M\subset\bigcup_{i=1}^{n}V(x_i,\varepsilon)$,所以$M$完全有界.

159 设$R=(X,\rho)$是紧空间,证明R是完备空间.

证法一 利用闭球套原理

只需证明每一个$r\to 0$的闭球套有非空交.

设$\{S_n\}$是X中闭球套:

(1)$S_n\supset S_{n+1}$且S_n非空,$n=1,2,\cdots$;

(2)当$n\to\infty$时,$r_n\to 0$.

假如R不是完备空间,由充要条件知,存在一个这样的套,使$\bigcap_{n=1}^{\infty}S_n=\phi$,即有一个闭集族$\{S_n\}$,所有元素之交是空集.但对于任一有限子族$\{S_{n_k}\}(k=1,2,\cdots,m)$,$\bigcap_{k=1}^{m}S_{n_k}\neq\phi$(因为$S_{n+1}\subset S_n$时,$\bigcap_{k=1}^{m}S_{n_k}=S_{n_m}$),这与紧空间矛盾.

证法二 按完备集定义,只需证明R中每一个基本列都收敛.

设任一基本列$\{x_n\}\subset X$,若$\{x_n\}$在X中不收敛,则对于每一个$y\in X$,必存在$\varepsilon_y>0$,使球$S(y,\varepsilon_y)$中没有$\{x_n\}$中的点,否则y就成为$\{x_n\}$的极限点,即$\exists\{x_{n_k}\}\subset\{x_n\}$,使得$\lim\limits_{k\to\infty}x_{n_k}=y$,再由$\{x_n\}$是基本列,当$n_k,n>N$时,有$\rho(x_n,x_{n_k})<\frac{\varepsilon}{2}$,又$\rho(x_{n_k},y)<\frac{\varepsilon}{2}$,所以

$$\rho(x_n,y)\leqslant\rho(x_n,x_{n_k})+\rho(x_{n_k},y)<\frac{\varepsilon}{2}+\frac{\varepsilon}{2}=\varepsilon$$

即$\lim\limits_{n\to\infty}x_n=y$.这与$\{x_n\}$不收敛矛盾,所以有$\varepsilon_y$,使$S(y,\varepsilon_y)$中不含$\{x_n\}$中的

点. 显然 $X=\bigcup S(y,\varepsilon_y)$,因 R 是紧空间,所以有有限个 $y_1,y_2,\cdots,y_n$,使得 $X=\bigcup\limits_{i=1}^{n}S(y_i,\varepsilon_{y_i})$,且在 $S(y_i,\varepsilon_{y_i})$ 中不含 $\{x_n\}$ 中的点,这与 $\{x_n\}\subset X$ 矛盾,故 R 是完备的.

160 用其他方法证明:若度量空间 $R=(X,\rho)$ 是列紧空间,则 R 是紧空间.

证 设 $R=(X,\rho)$ 是列紧空间,并设 $\{O_\lambda,\lambda\in\Lambda\}$ 是 X 的开覆盖,即 $\bigcup\limits_{\lambda\in\Lambda}O_\lambda=X$,因为 R 是列紧空间,所以对于任给 $\varepsilon>0$,在 R 中有有穷 ε-网,取 $\varepsilon_n=\dfrac{1}{n}(n=1,2,\cdots)$,对于每一个 $\varepsilon_n=\dfrac{1}{n}$,选出有穷 $\dfrac{1}{n}$-网,$A^{(n)}=\{a_k^{(n)},k=1,2,\cdots,m_k\}$,对每一点 $a_k^{(n)}$,作半径为 $\dfrac{1}{n}$ 的球,记为 $S(a_k^{(n)},\dfrac{1}{n})$,故对任何 n,有

$$X=\bigcup_{k=1}^{n}S(a_k^{(n)},\frac{1}{n})$$

假定由 $\{O_\lambda\}$ 中不能选出有限个把 X 盖住,则对于每一个 $n=1,2,\cdots$,至少存在一个球 $S(a_{k_n}^{(n)},\dfrac{1}{n})(n=1,2,\cdots)$,它不能被有限个 O_λ 所覆盖,我们得一个由球心组成的序列 $\{a_{k_n}^{(n)}\}$. 因为 R 是列紧空间,所以有 $x_0\in X$,它是序列 $\{a_{k_n}^{(n)}\}$ 的极限点,因为 $x_0\in X$,所以在 $\{O_\lambda\}$ 中至少有一个 O_{λ_0},使 $x_0\in O_{\lambda_0}$,因为 O_{λ_0} 是开集,所以 $\exists\,\varepsilon>0$,使 $S(x_0,\varepsilon)\subset O_{\lambda_0}$.

现选 n_0,使 $\rho(x_0,a_{k_{n_0}}^{(n_0)})<\dfrac{\varepsilon}{2}$,且使 $\dfrac{1}{n_0}<\dfrac{\varepsilon}{2}$(这是可能的,因为 $\{a_{k_n}^{(n)}\}$ 中有收敛于 x_0 的子列).

于是有 $S(a_{k_{n_0}}^{(n_0)},\dfrac{1}{n_0})\subset O_{\lambda_0}$,事实上,任一 $y\in S(a_{k_{n_0}}^{(n_0)},\dfrac{1}{n_0})\Rightarrow\rho(y,a_{k_{n_0}}^{(n_0)})<\dfrac{1}{n_0}$,所以

$$\rho(y,x_0)\leqslant\rho(y,a_{k_{n_0}}^{(n_0)})+\rho(a_{k_{n_0}}^{(n_0)},x_0)<\frac{1}{n_0}+\frac{\varepsilon}{2}<\frac{\varepsilon}{2}+\frac{\varepsilon}{2}=\varepsilon$$

所以 $y\in S(x_0,\varepsilon)\subset O_{\lambda_0}$,由 $y\in S(a_{k_{n_0}}^{(n_0)},\dfrac{1}{n_0})$ 之任意性知,$S(a_{k_{n_0}}^{(n_0)},\dfrac{1}{n_0})\subset O_{\lambda_0}$,即球 $S(a_{k_{n_0}}^{(n_0)},\dfrac{1}{n_0})$ 被 O_{λ_0} 所覆盖,从而产生矛盾.

161 设 $R=(X,\rho)$ 是紧空间,$A\subset X$ 是紧致空间的充要条件是:

A 是 X 中的闭集.

证 充分性.设闭集 $A \subset X$,$O=\{O_\lambda, \lambda \in \Lambda\}$ 是 A 的任一开覆盖,则 $O \cup (X-A)$ 是 X 的一开覆盖.因为 X 是紧致空间,所以 $\exists N$,使 $\bigcup\limits_{i=1}^{N} O_{\lambda_i}+(X-A)$ 是 X 的有限子覆盖,即$(X-A)+\bigcup\limits_{i=1}^{N} O_{\lambda_i}=X$,于是 $O_{\lambda_1},\cdots,O_{\lambda_N}$ 是 A 的有限子覆盖,$\bigcup\limits_{i=1}^{N} O_{\lambda_i}=A$,所以 A 是紧密空间.

必要性.设 $A \subset X$ 是紧致集,证明 A 是闭集,若 $A'-A$ 不空,设 $x \in A'-A$,这时对于每一个 $a \in A$,对这个 x,存在 x 的开邻域 u_a 和 a 的开邻域 v_a,使得 $u_a \cap v_a=\phi$.显然,$v=\{v_a, a \in A\}$ 是 A 的开覆盖,由 A 的紧致性,知 $\exists N$,使 $A \subset \bigcup\limits_{i=1}^{N} v_{a_i}$,令 $U_x=\bigcap\limits_{i=1}^{N} u_{a_i}$,则 U_x 是开集且含 x 的一个邻域,又因 $AU_x=\phi$,即 x 有一个邻域不含 A 的点,因此 x 不是 A 的聚点,这与 $x \in A'$ 矛盾.因此 A 是闭集.

162 求证度量空间中非空自紧致集 $A_n=1,2,\cdots$ 的一个"退缩"序列 $A_1 \supset A_2 \supset \cdots \supset A_n \supset \cdots$ 有非空交(康托引理).

证 如不然,$\bigcap\limits_{n=1}^{\infty} A_n=\phi$,则 $\mathscr{C}\bigcap\limits_{n=1}^{\infty} A_n=X$,又 $\mathscr{C}\bigcap\limits_{n=1}^{\infty} A_n=\bigcup\limits_{n=1}^{\infty} \mathscr{C}A_n$.因为 A_n 是自紧的,从而是闭的,所以 $\mathscr{C}A_n$ 是开集.又 $\bigcup\limits_{n=1}^{\infty} \mathscr{C}A_n=X$,所以$\{\mathscr{C}A_n\}(n=1,2,\cdots)$ 是 X 的开覆盖,显然 $\bigcup\limits_{n=1}^{\infty} \mathscr{C}A_n \supset A_1$,因为 A_1 是紧致集,所以有有限个开集 $\mathscr{C}A_{n_k}(k=1,2,\cdots,m)$ 覆盖 A_1,即

$$\bigcup_{n=1}^{\infty} \mathscr{C}A_{n_k} \supset A_1$$

或

$$\mathscr{C}\bigcap_{k=1}^{m} A_{n_k} \supset A_1 \tag{1}$$

另一方面,由于 A_n 是一个退缩序列,所以 $\bigcap\limits_{k=1}^{m} A_{n_k}=A_{n_m}$,则 $\mathscr{C}\bigcap\limits_{k=1}^{m} A_{n_k}=\mathscr{C}A_{n_m}$ 且 $A_{n_m} \subset A_1$,因为 A_{n_m} 不空,所以至少有一点 $P_0 \in A_{n_m}$,从而 $P_0 \in A_1$.又 $P_0 \overline{\in} \mathscr{C}A_{n_m}=\mathscr{C}\bigcap\limits_{k=1}^{m} A_{n_k}$,所以由式(1),$P_0 \overline{\in} A_1$,矛盾.

因此,$\bigcap\limits_{n=1}^{\infty} A_n \neq \phi$,证毕.

163 设 $f: X \to Y$,$A \subset X$,$A \subset f^{-1}(f(A))$.若 f 是一一对应的,

证明

$$A=f^{-1}(f(A))$$

解 (1)$A\subset f^{-1}(f(A))$:

任一 $x\in A\Rightarrow f(x)\in f(A)\Rightarrow x\in f^{-1}(f(A))$,由 x 的任意性知,$A\subset f^{-1}(f(A))$.

(2)若 f 是一一对应的,则 $f^{-1}(f(A))=A$.

只需证明 $f^{-1}(f(A))\subset A$. 事实上,任一 $x\in f^{-1}(f(A))\Rightarrow f(x)\in f(A)\Rightarrow$ 至少 $\exists x'\in A$,使得 $f(x')=f(x)$,再由 f 是一一对应的,所以 $x'=x$,$x\in A$. 由 x 的任意性知 $f^{-1}(f(A))\subset A$,再由情形(1)知 $f^{-1}(f(A))=A$.

注意 在一般情况下,$A=f^{-1}(f(A))$ 不成立. 例如:$X=\{a_1,a_2\}$,f 把 X 中每一个元映成 Y 中固定元 b,取 $A=\{a_1\}$,则 $f(A)=\{b\}$,但 $f^{-1}(f(A))=\{a_1,a_2\}\neq A=\{a_1\}$.

164 设 $f:X\to Y$,$B\subset Y$,$f(f^{-1}(B))\subset B$. 若 f 是"到上"的映象,则有:$f(f^{-1}(B))=B$.

解 (1)$f(f^{-1}(B))\subset B$:

任意一 $y\in f(f^{-1}(B))\Rightarrow$ 至少有一个 $x\in f^{-1}(B)$,使得 $f(x)=y$,由 $x\in f^{-1}(B)$ 知,$f(x)\in B$,从而 $y=f(x)\in B$,即 $f(f^{-1}(B))\subset B$.

(2)当 f 是完全映象时,$B=f(f^{-1}(B))$.

只需证 $B\subset f(f^{-1}(B))$. 事实上,任一 $y\in B$,因为是完全(到上的)映象,所以至少有一个 $x\in X$,使得 $f(x)=y\in B\Rightarrow x\in f^{-1}(B)\Rightarrow f(x)\in f(f^{-1}(B))$,即 $y\in f(f^{-1}(B))$,再由 y 之任意性知,$B\subset f(f^{-1}(B))$.

165 设 $f:X\to Y$,$A_1,A_2\subset X$,证明

$$A_1\subset A_2\Rightarrow f(A_1)\subset f(A_2)$$

解 事实上,任一 $y\in f(A_1)\Rightarrow$ 至少有一个 $x\in A_1$,使得 $f(x)=y$,$A_1\subset A_2$,所以 $x\in A_2$,从而 $f(x)\in f(A_2)$,即 $y\in f(A_2)$. 由 y 之任意性知,$f(A_1)\subset f(A_2)$.

166 映象 $f:X\to Y$ 是连续的充要条件是:对于任一收敛于 x_0 的序列$\{x_n\}$,对应序列$\{f(x_n)\}$ 也收敛于 $f(x_0)$.

证 必要性. 因为 f 在点 x_0 连续,对于任何 $O_\varepsilon(f(x_0))$,存在 $O_\delta(x_0)$,使得 $f(O_\delta(x_0))\subset O_\varepsilon(f(x_0))$,即任一 $x\in O_\delta(x_0)$,有 $f(x)\in O_\varepsilon(f(x_0))$. 又

设任一序列$\{x_n\}$,有$\lim\limits_{n\to\infty} x_n = x_0$. 则对于上述$\delta > 0$,$\exists N > 0$,使得当$n > N$时,有$x_n \in O_\delta(x_0)$,故$f(x_n) \in O_\varepsilon(f(x_0))$,即当$x_n \to x_0$时,有$f(x_n) \to f(x_0)$.

充分性. 反证法,假如$f(x)$在点x_0不连续,即存在$O_{\varepsilon_0}(f(x_0))$,对于任何$O_\delta(x_0)$,至少存在一点$x' \in O_\delta(x_0)$,使得$f(x') \overline{\in} O_{\varepsilon_0}(f(x_0))$. 令$\delta_n = \frac{1}{n} \to 0$,在每一个$O_{\frac{1}{n}}(x_0)$中选出一点$x_n$,使得$f(x_n) \overline{\in} O_{\varepsilon_0}(f(x_0))$. 因为$\delta_n = \frac{1}{n} \to 0$,所以$x_n \to x_0$,但$f(x_n) \overline{\in} O_{\varepsilon_0}(f(x_0))$,即$f(x_n) \to f(x_0)$. 这与题设矛盾.

167 映射$f: X \to Y$是连续的充要条件是:$R' = (Y, \rho')$中任一开集的原象是开集.

证 必要性. 设任一开集$B \subset Y$,要证$f^{-1}(B) \subset X$也是开集.

若$B = \phi$,则$f^{-1}(B) = \phi$,显然开;

若$B \neq \phi$,则$f^{-1}(B) \neq \phi$,任一$x_0 \in f^{-1}(B)$,则$f(x_0) \in B$. 因为B是开集,所以存在邻域$O_{\varepsilon_0}(f(x_0)) \subset B$. 又因$f(x)$在点$x_0$连续,存在$O_\delta(x_0)$,使得$f(O_\delta(x_0)) \subset O_{\varepsilon_0}(f(x_0)) \subset B$,从而$O_\delta(x_0) \subset f^{-1}(B)$,再由$x_0 \in f^{-1}(B)$的任意性知:$f^{-1}(B)$是开集.

充分性. 若$R' = (Y, \rho')$中任一开集的原象是开集,证明f连续.

对于任一$x_0 \in X$,任给$\varepsilon > 0$,$O_\varepsilon(f(x_0))$是开集,按假定,它的原象$f^{-1}(O_\varepsilon(f(x_0)))$也是开集,且含$x_0$,故$\exists \delta > 0$,使$O_\delta(x_0) \subset f^{-1}(O_\varepsilon(f(x_0)))$,从而$f(O_\delta(x_0)) \subset O_\varepsilon(f(x_c))$,所以$f$在点$x_0$连续,由$x_0 \in X$任意性知,$f$是连续的.

168 映象$f: X \to Y$连续的充要条件是:$R' = (Y, \rho')$中任一闭集的原象是闭集.

证 必要性. 对于任一闭集$F \subset Y$,证明$f^{-1}(F)$是闭集.

考虑$f^{-1}(F)$,若$f^{-1}(F)' = \phi$,则它是闭的;若不空,即$f^{-1}(F)' \neq \phi$,任取$x_0 \in f^{-1}(F)'$,因x_0任一邻域$O_\delta(x_0)$内含有无穷多个$f^{-1}(F)$的点,可令$\delta_n \to 0$,在每个$O_{\delta_n}(x_0)$内取$x_n (x_n \neq x_{n-1})$,所以$\exists x_n \in f^{-1}(F)$,使得$x_n \to x_0$,因为$f$连续,特别在点$x_0$连续,所以$f(x_n) \to f(x_0)$. 由于$f(x_n) \in F$,又$F$是闭集,所以$f(x_0) \in F$,故$x_0 \in f^{-1}(F)$,即

$$f^{-1}(F)' \subset f^{-1}(F)$$

所以 $f^{-1}(F)$ 是闭集.

充分性. 对于任一 $x_0 \in X$,考虑 $f(x_0) \in Y$ 及任一 $O_\varepsilon(f(x_0))$,作 $Y - O_\varepsilon(f(x_0))$,因为 $Y - O_\varepsilon(f(x_0)) = Y \cap \mathscr{C}O_\varepsilon(f(x_0)), Y - O_\varepsilon(f(x_0))$ 是闭集,由题设,闭集的原象是闭集,所以 $F = f^{-1}(Y - O_\varepsilon(f(x_0)))$ 是闭集,且 $x_0 \overline{\in} F$,从而 $X - F = \mathscr{C}F, X - F$ 是开集,且 $x_0 \in X - F$,由开集定义,$\exists O_\delta(x_0) \subset X - F$. 下证 $f(O_\delta(x_0) \subset O_\varepsilon(f(x_0))$. 事实上,对于任何 $x \in O_\delta(x_0) \Rightarrow x \in X - F \Rightarrow x \overline{\in} F \Rightarrow x \overline{\in} f^{-1}(Y - O_\varepsilon f(x_0)) \Rightarrow f(x) \overline{\in} Y - O_\varepsilon(f(x_0) \Rightarrow f(x) \in O_\varepsilon(f(x_0))$,所以 $f(x)$ 在点 x_0 连续,再由 $x_0 \in X$ 任意性知,f 连续.

注 上面两个性质仅对原象成立,对于象则不成立. 即一个闭(开)集在连续映象下可能不闭(开).

例如,连续映象:$y = f(x) = \dfrac{1}{1+x}, x \in [0, +\infty)$,把闭集$[0, +\infty)$映射成非闭集 $y \in (0,1]$.

169 映象 $f: X \to Y$ 是连续的充要条件是:对于任一子集 $A \subset X$,有 $f(\overline{A}) \subset \overline{f(A)}$.

证 必要性. 设任一 $A \subset X, x_0 \in \overline{A}$,即

$$f(x_0) \in f(\overline{A})$$

若 $x_0 \in A$,则

$$f(x_0) \in f(A) \subset f(\overline{A})$$

若 $x_0 \in A' - A$,从而有 $x_n \in A$,使得 $x_n \to x_0$. 因为 f 在点 x_0 连续,所以

$$f(x_n) \to f(x_0)$$

因为 $x_n \in A$,所以 $f(x_n) \in f(A)$,故 $f(x_0)$ 是 $f(A)$ 的聚点,所以

$$f(x_0) \in f(A)' \subset \overline{f(A)}$$

即任一

$$f(x_0) \in f(\overline{A}) \Rightarrow f(x_0) \in \overline{f(A)}$$

亦即

$$f(\overline{A}) \subset \overline{f(A)}$$

充分性. 反证法,设 f 在点 x_0 不连续,则存在某个集合 $A \subset X$,使

$$f(\overline{A}) \not\subset \overline{f(A)}$$

因为 f 在点 x_0 不连续,存在 $f(x_0) \in Y$ 的某邻域 $O_{\varepsilon_0}(f(x_0))$,对于任何 $O_\delta(x_0)$,至少存在一点 $x' \in O_\delta(x_0)$,使得

$$f(x') \overline{\in} O_{\varepsilon_0}(f(x_0))$$

取 $\delta_n=\frac{1}{n}\to 0$,在每个 $O_{\frac{1}{n}}(x_0)$ 中选一点 x_n,使得

$$f(x_n)\ \overline{\in}\ O_{\varepsilon_0}(f(x_0))$$

因为 $\delta_n\to 0$,所以 $x_n\to x_0$,即

$$f(x_n)\in Y-O_{\varepsilon_0}(f(x_0))\Rightarrow x_n\in f^{-1}(Y-O_{\varepsilon_0}(f(x_0))$$

令

$$f^{-1}(Y-O_{\varepsilon_0}f(x_0))=A$$

从而 x_0 是 $A=f^{-1}(Y-O_{\varepsilon_0}(f(x_0))$ 的聚点,即 $x_0\in\overline{A}$,亦即 $f(x_0)\in f(\overline{A})$.

但另一方面,显然

$$f(x_0)\ \overline{\in}\ Y-O_{\varepsilon_0}(f(x_0))=\overline{Y-O_{\varepsilon_0}(f(x_0))}$$

(因为 $Y-O_{\varepsilon_0}(f(x_0)$ 是闭集),又因

$$f(A)=f(f^{-1}(Y-O_{\varepsilon_0}f(x_0))\subset Y-O_{\varepsilon_0}(f(x_0))$$

从而

$$\overline{f(A)}\subset\overline{Y-O_{\varepsilon_0}(f(x_0))}$$

由于

$$f(x_0)\ \overline{\in}\ \overline{Y-O_{\varepsilon_0}f(x_0)}$$

所以

$$f(x_0)\ \overline{\in}\ \overline{f(A)}$$

亦即

$$f(x_0)\ \overline{\in}\ \overline{f(A)}$$

但

$$f(x_0)\in f(\overline{A})$$

这与

$$f(\overline{A})\subset\overline{f(A)}$$

矛盾.

170 证明第 167 题与第 168 题的条件等价性.

证 第 167 题 $\Rightarrow$ 第 168 题

设任一闭集 $F\subset Y$,则 $Y-F$ 是开集,由第 167 题知,原象 $f^{-1}(Y-F)$ 是开集,又

$$f^{-1}(Y-F)=f^{-1}(F^c)=[f^{-1}(F)]^c=X-f^{-1}(F)$$

所以 $f^{-1}(F)$ 是闭集.

第 168 题 $\Rightarrow$ 第 167 题

任一 $B\subset Y$ 是开集,则 $Y-B$ 是闭集,由第 168 题知,原象 $f^{-1}(Y-B)$ 是

闭集,即

$$f^{-1}(Y-B)=f^{-1}(B^c)=[f^{-1}(B)]^c=X-f^{-1}(B)$$

是闭集,所以 $f^{-1}(B)$ 是开集.

171 证明第 168 题与第 169 题的条件等价性.

证法一 第 168 题 ⇒ 第 169 题

反证法:设存在某一个子集 $A\subset X$ 及一点 $x_c\in\overline{A}$,使得

$$f(x_0)\overline{\in}\overline{f(A)}$$

令

$$\overline{f(A)}=B\subset Y$$

所以 B 是闭集.又

$$f(A)\subset\overline{f(A)}=B$$

从而

$$A\subset f^{-1}(B)$$

因为 $x_0\in\overline{A}$:

(1) 若 $x_0\in A$,则

$$f(x_0)\in f(A)\subset\overline{f(A)}$$

与题设矛盾;

(2) 若 $x_0\in A'-A$,所以 x_0 是 A 的聚点,从而也是 $f^{-1}(B)$ 的聚点,即

$$x_0\in\overline{f^{-1}(B)}$$

但由假设

$$f(x_0)\overline{\in}\overline{f(A)}=B$$

从而 $x_0\overline{\in}f^{-1}(B)$,由 $x_0\in\overline{f^{-1}(B)}$,但 $x_0\overline{\in}f^{-1}(B)$ 知,$f^{-1}(B)$ 与 $\overline{f^{-1}(B)}$ 不相等,即 $f^{-1}(B)$ 不闭,即有闭集 $B\subset Y$,其原象 $f^{-1}(B)$ 不闭,这与第 168 题矛盾,从而对于任一 $A\in X$,有

$$f(\overline{A})\subset\overline{f(A)}$$

证法二 因为

$$A\subset f^{-1}(f(A))\subset f^{-1}\overline{(f(A))}$$

且因 $\overline{f(A)}$ 是闭集,所以原象 $f^{-1}\overline{(f(A))}$ 也是闭集,所以

$$\overline{A}\subset f^{-1}\overline{(f(A))}$$

从而

$$f(\overline{A})\subset\overline{f(A)}$$

第 169 题 ⇒ 第 168 题

任一闭集 $F \subset Y$，则 $F=\overline{F}$. 令 $A=f^{-1}(F)$，即

$$f(A)=f(f^{-1}(F) \subset F$$

由题设 $f(\overline{A}) \subset \overline{f(A)}$，所以

$$f(\overline{A}) \subset \overline{f(A)} \subset \overline{F}=F$$

所以

$$\overline{A} \subset f^{-1}(F)=A$$

所以 A 是闭集，即 $f^{-1}(F)$ 是闭集.

172 在连续映象下，$R=(X,\rho)$ 中任意紧致集 A 变成 $R'=(Y,\rho')$ 中的紧致集 $f(A)$.

证 设 $\{O_{\lambda'};\lambda \in \Lambda\}$ 是 $f(A)$ 的开覆盖，即 $f(A) \subset \bigcup\limits_{\lambda \in \Lambda} O_{\lambda'}$. 所以

$$A \subset f^{-1}(f(A)) \subset f^{-1}(\bigcup_{\lambda \in \Lambda} O_{\lambda'})=\bigcup_{\lambda \in \Lambda} f^{-1}O_{\lambda'}$$

因为 f 连续，所以开集 $O_{\lambda'}$ 的原象 $f^{-1}(O_{\lambda'})$ 是开集，所以 $\{f^{-1}(O_{\lambda'})\}$ 是 A 的开覆盖，由于 A 是紧致的，所以存在 N，使得

$$A \subset \bigcup_{i=1}^{N} f^{-1}(O_{i'})$$

从而

$$f(A) \subset f(\bigcup_{i=1}^{N} f^{-1}(O_{i'}))=\bigcup_{i=1}^{N} f(f^{-1}(O_{i'})) \subset \bigcup_{i=1}^{N} O_{i'}$$

所以 $f(A)$ 是紧致集.

173 在“到上”的连续映象 f 下，紧空间 (X,ρ) 变成紧空间 (Y,ρ').

证 设 $\{O_{\lambda'};\lambda \in \Lambda\}$ 是 Y 的任一开覆盖，则 $Y=\bigcup\limits_{\lambda \in \Lambda} O_{\lambda'}$，所以 $X=\bigcup\limits_{\lambda \in \Lambda} f^{-1}(O_{\lambda'})$. 又因 f 是连续的，所以开集的原象是开集，则 $f^{-1}(O'_{\lambda})$ 是开集，因此 $\{f^{-1}(O_{\lambda'})\}$ 是 X 的开覆盖，又因 (X,ρ) 是紧致的，所以存在 N，使得 $X=\bigcup\limits_{i=1}^{N} f^{-1}(O_{i'})$，又因是 X 到 Y 上的映象，所以 $Y=\bigcup\limits_{i=1}^{N} O'_{i}$，所以 (Y,ρ') 是紧空间.

174 设 f 是 X 到 Y 上的连续映象，证明若 X 连通，则 Y 也连通.

证 对于任一开集 $B,C \subset Y$，且 $Y=B+C$，$B \cdot C=\phi$，在连续映象下，开集的原象是开集，所以 $f^{-1}(C)$，$f^{-1}(B)$ 是开集，且

$$X=f^{-1}(B)+f^{-1}(C)$$

$f^{-1}(B)f^{-1}(C)=\phi$(因为 $B \cdot C=\phi$). 由 X 连通性知，或 $f^{-1}(B)=\phi$ 或 $f^{-1}(C)=$

ϕ,不妨设 $f^{-1}(B)=\phi$,因为是"到上"的映象,所以

$$B=f(f^{-1}(B))=f(\phi)=\phi$$

从而 Y 是连通集.

175 若已知 $f(z)=x\left(1+\frac{1}{x^2+y^2}\right)+\mathrm{i}y\left(1-\frac{1}{x^2+y^2}\right)$,如何将其表示为关于变量 z 的表达式?

解 因为

$$x=\frac{z+\bar{z}}{2}, y=\frac{z-\bar{z}}{2\mathrm{i}}, x^2+y^2=z\bar{z}$$

所以

$$f(z)=x\left(1+\frac{1}{x^2+y^2}\right)+\mathrm{i}y\left(1-\frac{1}{x^2+y^2}\right)=$$

$$\frac{z+\bar{z}}{2}\left(1+\frac{1}{z\bar{z}}\right)+\mathrm{i}\,\frac{z-\bar{z}}{2\mathrm{i}}\left(1-\frac{1}{z\bar{z}}\right)=$$

$$\frac{1}{2}\left(z+\bar{z}+\frac{1}{\bar{z}}+\frac{1}{z}+z-\bar{z}-\frac{1}{\bar{z}}+\frac{1}{z}\right)=$$

$$z+\frac{1}{z}$$

176 在映射 $w=z^2$ 之下,z 平面上的线段

$$0<r<2, \theta=\frac{\pi}{4} \quad (z=r\mathrm{e}^{\mathrm{i}\theta})$$

映射成 w 平面上的什么点集(或图形)?

解 记 $w=p\mathrm{e}^{\mathrm{i}\phi}$,则

$$p\mathrm{e}^{\mathrm{i}\phi}=r^2\mathrm{e}^{\mathrm{i}2\theta}$$

从而

$$p=r^2, \varphi=2\theta$$

故线段 $0<r<2, \theta=\frac{\pi}{4}$ 映射为 w 平面上的以下线段

$$0<p<4 \quad (\varphi=\frac{\pi}{2})$$

即虚轴上点 0 至点 4i 的一段,见图 1.21.

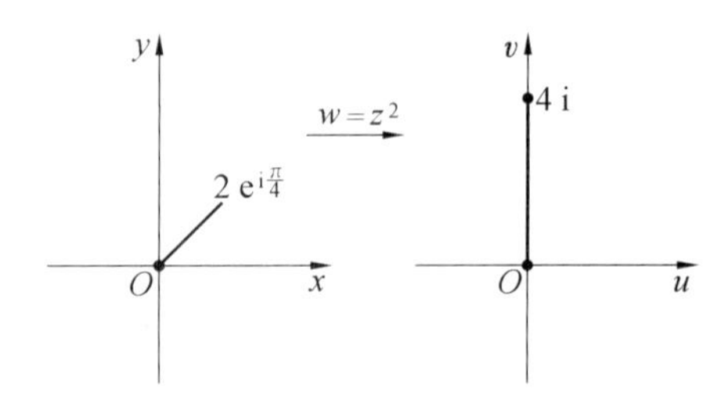

图 1.21

177 在映射 $w=z^2$ 下,扇形区域

$$0<\theta<\frac{\pi}{4}\quad(0<r<2)$$

变成了 w 平面上的什么图形?

解 依上题之记号,当 θ 从 0 变到 $\frac{\pi}{4}$ 时,$\varphi=2\theta$ 从 0 变到 $\frac{\pi}{2}$,当 r 从 0 变到 2 时,$p=r^2$ 从 0 变到 4.故扇形区域 $0<\theta<\frac{\pi}{4}$,$0<r<2$ 变成了 w 平面上的扇形区域 $0<\varphi<\frac{\pi}{2}$,$0<p<4$(见图 1.22).

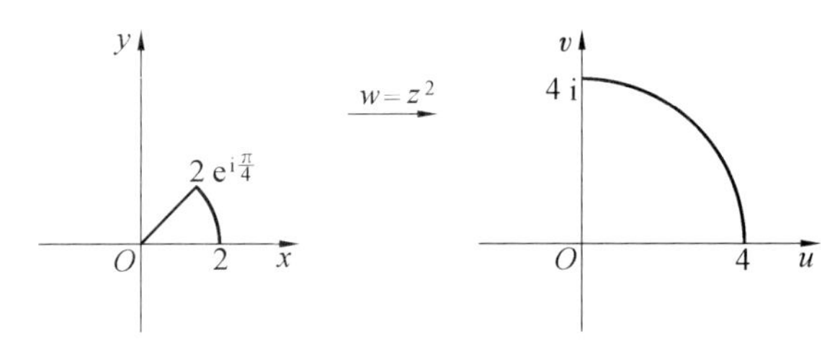

图 1.22

178 在映射 $w=z^2$ 之下,z 平面上的双曲线

$$x^2-y^2=4$$

映成为 w 平面上的什么图形?

解 (此时,再像第 176 题与第 177 题那样采用复数的指数表示来进行讨论就不方便了).

若记 $w=u+\mathrm{i}v$,而 $z^2=x^2-y^2+\mathrm{i}2xy$,故

$$u=x^2-y^2,v=2xy$$

因为 z 平面上的点集(双曲线)满足关系 $x^2-y^2=4$,故知

$$u=4$$

又当 z 在双曲线 $x^2-y^2=4$ 上变动时,$v=2xy$ 可从 $-\infty$ 变到 $+\infty$,因此,z 平

面上的双曲线 $x^2-y^2=4$ 变成为 w 平面上的直线 $u=4$.

179 叙述"z_0 不是$\{z_n\}$ 的极限"与"$\{z_n\}$ 没有极限"的精确定义.

解 "z_0 不是$\{z_n\}$ 的极限":至少存在某个 $\varepsilon_0>0$,不管 N 多大,总有 $n>N$ 使

$$|z_n-z_0|\geqslant\varepsilon_0$$

"$\{z_n\}$ 没有极限":至少存在某个 $\varepsilon_0>0$,不管 N 多大,对任何 z_0,当 $n\geqslant N$ 时,总有

$$|z_n-z_0|\geqslant\varepsilon_0$$

180 若$\{z_n\}$ 收敛,则必有界.

证 设$\lim\limits_{n\to\infty}z_n=A$,则对 $\varepsilon>0$,存在 N,当 $n>N$ 时,有

$$|z_n|=|(z_n-A)+A|\leqslant|z_n-A|+|A|<\varepsilon+|A|$$

取

$$M=\max\{|z_1|,|z_2|,\cdots,|z_N|,\varepsilon+|A|\}$$

则对所有 n 有

$$|z_n|<M$$

181 求 $z_n=\sum\limits_{k=0}^{n}\dfrac{\mathrm{i}^k}{2^k}$ 的极限.

解 $z_n=\sum\limits_{k=0}^{n}\left(\dfrac{\mathrm{i}}{2}\right)^k=\dfrac{1-\left(\dfrac{\mathrm{i}}{2}\right)^{n+1}}{1-\dfrac{\mathrm{i}}{2}}$,因

$$\left|\frac{\mathrm{i}}{2}\right|=\frac{1}{2}<1$$

故

$$\lim_{n\to\infty}\left(\frac{\mathrm{i}}{2}\right)^{n+1}=0$$

从而

$$\lim_{n\to\infty}z_n=\frac{1}{1-\dfrac{\mathrm{i}}{2}}=\frac{2}{2-\mathrm{i}}$$

182 求 $\lim\limits_{n\to\infty}\left(1+\dfrac{z}{n}\right)^{n}$.

解 令 $z=x+\mathrm{i}y$,则

$$1+\frac{z}{n}=1+\frac{x}{n}+\mathrm{i}\,\frac{y}{n}$$

设

$$1+\frac{x}{n}=\rho_n\cos\theta_n,\ \frac{y}{n}=\rho_n\sin\theta_n\quad(\rho_n>0,-\pi<\theta_n<\pi)$$

则

$$\rho_n^2=1+\frac{2x}{n}+\frac{x^2+y^2}{n^2},\cos\theta_n=\frac{1+\dfrac{x}{n}}{\rho_n},\sin\theta_n=\frac{y}{n\rho_n}$$

于是

$$\lim_{n\to\infty}\rho_n^2=1$$

故

$$\lim_{n\to\infty}\rho_n=1 \tag{1}$$

从而

$$\lim_{n\to\infty}\cos\theta_n=1,\quad \lim_{n\to\infty}\sin\theta_n=0 \tag{2}$$

因 $\lim\limits_{n\to\infty}\cos\theta_n=1$,当 n 充分大时,$\cos\theta_n$ 常为正,则必

$$-\frac{\pi}{2}<\theta_n<\frac{\pi}{2}\quad(n>\text{某个}\ m)$$

若设 $0<\varepsilon<\dfrac{\pi}{2}$,且 $\theta_n\geqslant\varepsilon$,则

$$\sin\theta_n\geqslant\sin\varepsilon>0\quad(n>m)$$

而不可能有

$$\lim_{n\to\infty}\sin\theta_n=0$$

同样若设 $\theta_n\leqslant-\varepsilon$,亦会得同样矛盾. 于是对 $0<\varepsilon<\dfrac{\pi}{2}$,只有 $-\varepsilon<\theta_n<\varepsilon$. 即 $|\theta_n|<\varepsilon$,因而 $\lim\limits_{n\to\infty}\theta_n=0$.

由于

$$\left(1+\frac{z}{n}\right)^{n}=\rho_n^n(\cos n\theta_n+\mathrm{i}\sin n\theta_n) \tag{3}$$

而

$$\lim_{n\to\infty}\rho_n^{2n}=\lim_{n\to\infty}\left[1+\frac{\left(2x+\dfrac{x^2+y^2}{n}\right)}{n}\right]^{2}=$$

$$\lim_{n\to\infty} e^{2x}+\frac{x^2+y^2}{n}=e^{2x}$$

故

$$\lim_{n\to\infty}\rho_n^n=e^x$$

又因

$$\lim_{n\to\infty} n\theta_n=\lim_{n\to\infty}\left(n\sin\theta_n-\frac{\theta_n}{\sin\theta_n}\right)=$$

$$\lim_{n\to\infty}\frac{y}{\rho_n}\cdot\frac{\theta_n}{\sin\theta_n}=y$$

故

$$\lim_{n\to\infty}(\sin n\theta_n-\sin y)=$$

$$\lim_{n\to\infty}\left[(n\theta_n-y)\cos\frac{n\theta_n+y}{2}\,\frac{\sin\dfrac{n\theta_n-y}{2}}{\dfrac{n\theta_n-y}{2}}\right]=0$$

从而

$$\lim_{n\to\infty}\sin n\theta_n=\sin y$$

同样可得

$$\lim_{n\to\infty}\cos n\theta_n=\cos y$$

因此

$$\lim_{n\to\infty}\left(1+\frac{z}{n}\right)^n=e^x(\cos y+i\sin y)=e^{x+iy}=e^z$$

183 以$\{i^n\cdot n\}$为例说明由$z_n\to\infty$并不能推出$|x_n|\to\infty$与$|y_n|\to\infty$.

解 $z_n=i^n\cdot n=n(0+i)^n=n\left(\cos\frac{n\pi}{2}+i\sin\frac{n\pi}{2}\right)$，所以

$$r_n=|z_n|=n,\quad \arg z_n=\phi_n=\frac{n\pi}{2}$$

故当$n\to\infty$时

$$r_n\to\infty,\phi_n\to\infty$$

于是

$$z_n\to\infty$$

但

$$x_n=n\cos\frac{n\pi}{2},y_n=n\sin\frac{n\pi}{2}$$

当 $n\to\infty$ 时均不存在.

184 求 $\lim\limits_{n\to\infty}\left(\frac{1+\mathrm{i}}{2}\right)^n$.

解 因

$$1+\mathrm{i}=\sqrt{2}\left(\cos\frac{\pi}{4}+\mathrm{i}\sin\frac{\pi}{4}\right)$$

所以

$$\lim_{n\to\infty}\left(\frac{1+\mathrm{i}}{2}\right)^n=\lim_{n\to\infty}2^{-\frac{n}{2}}\cos\frac{n\pi}{4}+\mathrm{i}\lim_{n\to\infty}2^{-\frac{n}{2}}\sin\frac{n\pi}{4}=$$

$$0+\mathrm{i}0=0$$

185 证明 $\lim\limits_{n\to\infty}\frac{1+n\mathrm{i}}{1-n\mathrm{i}}=-1$.

解 因

$$\left|\frac{1+n\mathrm{i}}{1-n\mathrm{i}}+1\right|=\left|\frac{2}{1-n\mathrm{i}}\right|=\frac{2}{\sqrt{1+n^2}}$$

故对 $\varepsilon>0$,欲

$$\left|\frac{1+n\mathrm{i}}{1-n\mathrm{i}}+1\right|<1$$

只需

$$\frac{2}{\sqrt{1+n^2}}<\varepsilon$$

或

$$n>\sqrt{\frac{4}{\varepsilon^2}-1}$$

即可.

故取 $N=\max\left(\sqrt{\frac{4}{\varepsilon^2}-1},1\right)$,则当 $n>N$ 时,恒有 $\left|\frac{1+n\mathrm{i}}{1-n\mathrm{i}}+1\right|<\varepsilon$.依定义有

$$\lim_{n\to\infty}\frac{1+n\mathrm{i}}{1-n\mathrm{i}}=-1$$

186 求 $\lim\limits_{n\to\infty}\sum\limits_{k=1}^{n}\left(\frac{1+\mathrm{i}}{2}\right)^k$.

解 设$\frac{1+\mathrm{i}}{2}=\alpha$,则

$$\sum_{k=1}^{n}\alpha^{k}=\frac{\alpha(1-\alpha^{k+1})}{1-\alpha}$$

所以

$$\lim_{n\to\infty}\sum_{k=1}^{n}\alpha^{n}=\lim_{n\to\infty}\left[\frac{\alpha}{1-\alpha}-\frac{\alpha^{k+1}}{1-\alpha}\right]=\frac{\alpha}{1-\alpha}=-\mathrm{i}$$

187 设 $s_1=\sqrt{z}$,$z=\sqrt{2\mathrm{i}}(1+\mathrm{i})$,$s_{n+1}=\sqrt{z+\sqrt{s_n}}$,$n=1,2,\cdots$,求$\{\varepsilon_n\}$的极限($\mathrm{i}=\sqrt{-1}$).

解 因

$$\begin{aligned}z=&\sqrt{2\mathrm{i}}(1+\mathrm{i})=\sqrt{2\mathrm{i}}+\mathrm{i}\sqrt{2\mathrm{i}}=\\&\sqrt{1+2\mathrm{i}+\mathrm{i}^2}+\sqrt{-2\mathrm{i}}=\\&\sqrt{(1+\mathrm{i})^2}+\sqrt{1-2\mathrm{i}+\mathrm{i}^2}=\\&\sqrt{(1+\mathrm{i})^2}+\sqrt{(1-\mathrm{i})^2}=\\&1+\mathrm{i}+1-\mathrm{i}=2\end{aligned}$$

故

$$s_{n+1}=\sqrt{2+\sqrt{s_n}},s_1=\sqrt{2}$$

因 $s_1<2$ 且由 $\varepsilon_k<2$,可得

$$s_{k+1}<\sqrt{2+\sqrt{2}}<2$$

因 $s_2>s_1$,且

$$s_{k+1}^2-s_k^2=\sqrt{s_k}-\sqrt{s_{k-1}}$$

故由 $s_k>s_{k-1}$,可推出 $s_{k+1}>s_k$,于是$\{s_k\}$单调递增,因此$\{s_n\}$有极限,设为 s,则 $s\geqslant 2$.

但因 $s=\sqrt{2+\sqrt{5}}$ 或

$$s^4-4s^2-s+4=(s-1)(s^3+s^2-3s-4)=0$$

$s=1$ 是额外的,我们寻求三次因子的实根,由 Cardan 公式得到

$$s=\frac{\left(\frac{79+3\sqrt{249}}{2}\right)^{\frac{1}{2}}+\left(\frac{79-3\sqrt{249}}{2}\right)^{\frac{1}{2}}-1}{3}=1.831\ 177\ 1^{+}$$

188 求数列$\{x_n\}=\{\sqrt[n]{n}\}(n=1,2,\cdots)$的上、下限.

解 令 $y=\frac{\ln x}{x}$,则

$$y'=\frac{1-\ln x}{x^2}$$

当 $x\geqslant 3$ 时,由于 $y'<0$. 故 $\frac{\ln x}{x}$ 单减,且有

$$\lim_{x\to\infty}\frac{\ln x}{x}=0$$

由此知 $\sqrt[n]{n}=\mathrm{e}^{\frac{\ln n}{n}}$,当 $n\geqslant 3$ 时,单减,且有

$$\lim_{n\to\infty}\sqrt[n]{n}=1$$

而

$$\sqrt[n]{n}\geqslant\sqrt[n]{1}=1$$

$$\sqrt[3]{3}>\sqrt{2}>1$$

故上限为 $\sqrt[3]{3}$,下限为 1.

189 若 $\lim\limits_{n\to\infty}z_n=z_0$,证明

$$\lim_{n\to\infty}\frac{z_1+z_2+\cdots+z_n}{n}=z_0$$

当 $z_0=\infty$ 时,结论是否正确?

证法一 由数学分析中相应的柯西结果可知

$$\lim_{n\to\infty}\frac{x_1+x_2+\cdots+x_n}{n}=\lim_{n\to\infty}x'_n=x_0$$

$$\lim_{n\to\infty}\frac{y_1+y_2+\cdots+y_n}{n}=\lim_{n\to\infty}y'_n=y_0$$

因此

$$\lim_{n\to\infty}\frac{z_1+z_2+\cdots+z_n}{n}=\lim_{n\to\infty}(x'_n+\mathrm{i}y'_n)=x_0+\mathrm{i}y_0=z_0$$

证法二 (1) 若 $z_0=0$,则对任意给定的 $\varepsilon>0$,存在 N,当 $n>N$ 时,有 $|z_n|<\frac{\varepsilon}{2}$,而

$$z'_n=\frac{z_1+z_2+\cdots+z_n}{n}=\frac{z_1+z_2+\cdots+z_N}{n}+$$

$$\frac{z_{N+1}+z_{N+2}+\cdots+z_n}{n}$$

固定 N，取 $N_0 = \max\left(N, \left[\frac{2}{\varepsilon} \mid z_1 + z_2 + \cdots + z_N \mid\right]\right)$，则当 $n > N_0$ 时，显然有

$$\left|\frac{z_1 + z_2 + \cdots + z_N}{n}\right| < \frac{\varepsilon}{2}$$

故

$$\mid z'_n \mid \leqslant \left|\frac{z_1 + z_2 + \cdots + z_N}{n}\right| + \left|\frac{z_{N+1} + z_{N+2} + \cdots + z_n}{n}\right| < \frac{\varepsilon}{2} + \left(\frac{n-N}{n}\right)\frac{\varepsilon}{2} < \varepsilon$$

(2) 若 $z_0 \neq 0$，则

$$\lim_{n\to\infty}(z_n - z_0) = 0$$

$$\mid z'_n - z_0 \mid = \left|\frac{(z_1 - z_0) + (z_2 - z_0) + \cdots + (z_n - z_0) + nz_0}{n} - z_0\right| = \left|\frac{(z_1 - z_0) + (z_2 - z_0) + \cdots + (z_n - z_0)}{n}\right| \underset{(n\to\infty)}{\longrightarrow} 0$$

证法三　对任给的 $\varepsilon > 0$，存在 N，当 $n > N$ 时，有 $\mid z_n - z_0 \mid < \frac{\varepsilon}{3}$. 于是

$$\mid z_{N+1} - z_0 \mid < \frac{\varepsilon}{3}, \mid z_{N+2} - z_0 \mid < \frac{\varepsilon}{3}, \cdots, \mid z_n - z_0 \mid < \frac{\varepsilon}{3} \quad (n > N)$$

所以

$$\mid z_{N+1} + z_{N+2} + \cdots + z_n - (n-N)z_0 \mid \leqslant \mid z_{N+1} - z_0 \mid + \mid z_{N+2} - z_0 \mid + \cdots + \mid z_n - z_o \mid < (n-N)\frac{\varepsilon}{3}$$

故有

$$\left|\frac{z_{N+1} + z_{N+2} + \cdots + z_n}{n-N} - z_0\right| < \frac{\varepsilon}{3} \quad (n > N)$$

然而

$$z'_n = \frac{z_1 + z_2 + \cdots + z_n}{n} = \frac{z_1 + z_2 + \cdots + z_N}{n} + \frac{z_{N+1} + z_{N+2} + \cdots + z_n}{n-N} \cdot \frac{n-N}{n} = \frac{z_1 + z_2 + \cdots + z_N}{n} + \frac{z_{N+1} + z_{N+2} + \cdots + z_n}{n-N} - \frac{z_{N+1} + \cdots + z_n}{n-N} \cdot \frac{N}{n}$$

所以

$$|z'_n - z_0| \leqslant \left|\frac{z_1+z_2+\cdots+z_N}{n}\right| + \left|\frac{z_{N+1}+\cdots+z_n}{n-N} - z_0\right| + \left|\frac{z_{N+1}+\cdots+z_n}{n-N}\right| \cdot \left|\frac{N}{n}\right|$$

取 N_0,当 $n > N_0$ 时,有

$$\left|\frac{z_1+z_2+\cdots+z_N}{n}\right| < \frac{\varepsilon}{3}$$

再取

$$N_1 > \frac{(3|z_0|+\varepsilon)N_0}{\varepsilon}$$

则当 $n > N_1$ 时,有

$$\left(|z_0| + \frac{\varepsilon}{3}\right)\frac{N}{n} < \frac{\varepsilon}{3}$$

于是

$$|z'_n - z_0| < \frac{\varepsilon}{3} + \frac{\varepsilon}{3} + \left(|z_0| + \frac{\varepsilon}{3}\right)\frac{N}{n} < \varepsilon$$

证法四 对任给的 $\varepsilon > 0$,存在 N_1,当 $n > N_1$ 时,有 $|z_n - z_0| < \frac{\varepsilon}{2}$,于是

$$\left|\frac{z_1+z_2+\cdots+z_n}{n} - z_0\right| = \left|\frac{(z_1-z_0)+(z_2-z_0)+\cdots+(z_n-z_0)}{n}\right| \leqslant \left|\frac{(z_1-z_0)+(z_2-z_0)+\cdots+(z_{N_1}-z_0)}{n}\right| + \left|\frac{(z_{N_1+1}-z_0)+\cdots+(z_n-z_0)}{n}\right|$$

取 $N_2 = \left[\frac{2|(z_1-z_0)+\cdots+(z_{N_1}-z_0)|}{\varepsilon}\right]$,则当 $n > N_2$ 时,有

$$\left|\frac{(z_1-z_0)+(z_2-z_0)+\cdots+(z_{N_1}-z_0)}{n}\right| < \frac{\varepsilon}{2}$$

故当 $n > N = \max\{N_1, N_2\}$ 时,有

$$\left|\frac{z_1+z_2+\cdots+z_n}{n} - z_0\right| < \frac{\varepsilon}{2} + \frac{\varepsilon}{2} \cdot \frac{n-N_1}{n} < \varepsilon$$

当 $z_0 = \infty$ 时,本题结论不一定成立.

例如,若序列 $\{z_n\}$ 为

$$1, -1, 3, -3, 5, -5, \cdots$$

$$z'_n = \frac{z_1+z_2+\cdots+z_n}{n} = \begin{cases} 1 & (n=2k-1) \\ 0 & (n=2k) \end{cases}$$

显然$\{z'_n\}$不收敛，但$\lim\limits_{n\to\infty} z_n=\infty$.

解决复变函数中的问题，一般采用两种方法：一是化为实函数的情形（如方法一）；二是自立更生的办法（如方法二、三、四）.

190 求极限：

(1) $\lim\limits_{n\to\infty} z^n$；

(2) $\lim\limits_{n\to\infty}(1+z+z^2+\cdots+z^{n-1})$.

解 (1) 解法一　若$|z|<1$，则

$$\lim_{n\to\infty}|z^n|=\lim_{n\to\infty}|z|^n=0$$

故

$$\lim_{n\to\infty} z^n=0$$

若$|z|>1$，则

$$\lim_{n\to\infty}|z^n|=\lim_{n\to\infty}|z|^n=\infty$$

故

$$\lim_{n\to\infty} z^n=\infty$$

若$|z|=1$，但$z\neq 1$，取$\varepsilon_0<|z-1|$，对任意的N，取$\rho=1$，则

$$|z^{N+1}-z^N|=|z^N||z-1|=|z-1|>\varepsilon_0$$

此时极限$\lim\limits_{n\to\infty} z^n$不存在.

若$z=1$. 则显然

$$\lim_{n\to\infty} z^n=1$$

所以

$$\lim_{n\to\infty} z^n=\begin{cases}0 & (|z|<1)\\ \infty & (|z|>1)\\ 1 & (z=1)\\ \text{不存在} & (|z|=1,z\neq 1)\end{cases}$$

解法二　设$\lim\limits_{n\to\infty} z^n=A$(有限)，则

$$\lim_{n\to\infty} z^{n+1}=A$$

所以

$$\lim_{n\to\infty} z^{n+1}=z\lim_{n\to\infty} z_n$$

即$A=zA$，所以$A(1-z)=0$.

于是$A=0$或$z=1$. 但当$z=1$时，$z^n=1$，此时$\lim\limits_{n\to\infty} z_n=1$. 故$z\neq 1$时，$\{z^n\}$

要收敛,则 A 只能是零.

另一方面,因 $|z^n|=|z|^n$. 故有

$$\lim_{n\to\infty}|z^n|=\lim_{n\to\infty}|z|^n=\begin{cases}0 & (|z|<1)\\ \infty & (|z|>1)\end{cases}$$

又当 $|z|=1$ 时

$$|z^n|=|z|^n=1,\arg z^n=n\arg z$$

由于 $z\neq 1$. 故

$$\arg z\neq 2k\pi\quad (k\text{ 为整数})$$

此时$\lim\limits_{n\to\infty}z^n$ 不存在,因 z^n 的辐角不趋于一定的极限,当 n 增大时,$\{z^n\}$ 中的点沿单位圆均匀地转动,而可能发生如下情况:

① 数 $\theta=\arg z$ 与 2π 可通约,如

$$\theta=2\pi\cdot\frac{p}{q}\quad ((p,q)=1)$$

此时数 $z^n(n=1,2,\cdots,q)$ 之辐角 $n\theta$ 各不相同,但 $z^{q+1}=z,z^{q+2}=z^2,\cdots$,由是$\{z^n\}$ 有 q 个聚点(极限点).

② 数 $\theta=\arg z$ 与 2π 不可通约,此时圆 $|z|=1$ 上的点均为$\{z^n\}$ 的聚点.

综上所述

$$\lim_{n\to\infty}z^n=\begin{cases}0 & (|z|<1)\\ \infty & (|z|>1)\\ 1 & (z=1)\\ \text{不存在} & (|z|=1,\text{但 } z\neq 1)\end{cases}$$

(2) 因为

$$1+z+\cdots+z^{n-1}=\begin{cases}\dfrac{1-z^n}{1-z} & (z\neq 1)\\ n & (z=1)\end{cases}$$

所以

$$\lim_{n\to\infty}(1+z+\cdots+z^{n-1})=\begin{cases}\dfrac{1}{1-z} & (|z|<1)\\ \infty & (|z|>1)\end{cases}$$

这是由情形(1) 的结果推得.

当 $z=1$ 时

$$\lim_{n\to\infty}(1+z+\cdots+z^{n-1})=\lim_{n\to\infty}n=\infty$$

当 $|z|=1,z\neq 1$ 时

$$\lim_{n\to\infty}(1+z+\cdots+z^{n-1})=\lim_{n\to\infty}\frac{1-z^n}{1-z}$$

不存在.

这是因为,若$\lim\limits_{n\to\infty}\dfrac{1-z^n}{1-z}$存在,则

$$\lim_{n\to\infty}\frac{z^n}{1-z}=\lim_{n\to\infty}\frac{1}{1-z}-\lim_{n\to\infty}\frac{1-z^n}{1-z}$$

也存在.

于是得到$\lim\limits_{n\to\infty} z^n$也存在($|z|=1,z\neq 1$),这与情形(1)中的结论矛盾.故

$$\lim_{n\to\infty}(1+z+\cdots+z^{n-1})=\begin{cases}\dfrac{1}{1-z} & (|z|<1)\\ \infty & (|z|>1\text{ 或 } z=1)\\ \text{不存在} & (|z|=1,z\neq 1)\end{cases}$$

191 证明

$$\lim_{n\to\infty}[n(\sqrt[n]{z}-1)]=\ln r+\mathrm{i}\varphi+2k\pi\mathrm{i}$$

其中 $z=r\mathrm{e}^{\mathrm{i}\varphi}$,$k$ 是任意非负整数.

证 由于

$$n(\sqrt[n]{z}-1)=n\left[r^{\frac{1}{n}}\left(\cos\frac{\varphi+2k\pi}{n}+\mathrm{i}\sin\frac{\varphi+2k\pi}{n}\right)-1\right]$$

取定 k 值(非负整数),则 k 不随 n 变化,于是

$$\lim_{n\to\infty}\mathrm{Re}[n(\sqrt[n]{z}-1)]=\lim_{\frac{1}{n}\to 0}\frac{r^{\frac{1}{n}}\cos\dfrac{\varphi+2k\pi}{n}-1}{\dfrac{1}{n}}=$$

$$\lim_{x\to 0}\frac{r^x\cos(\varphi+2k\pi)x-1}{x}=$$

(将$\dfrac{1}{n}=x$视为连续变量)

$$\lim_{x\to 0}\frac{r^x\ln r\cdot\cos(\varphi+2k\pi)x-r^x\sin(\varphi+2k\pi)x\cdot(\varphi+2k\pi)}{1}=\ln r$$

又

$$\lim_{n\to\infty}\mathrm{Im}[n(\sqrt[n]{z}-1)]=\lim_{n\to\infty}\frac{r^{\frac{1}{n}}\sin\dfrac{\varphi+2k\pi}{n}}{\dfrac{1}{n}}=\lim_{x\to 0}\frac{r^x\sin(\varphi+2k\pi)x}{x}=$$

$$\lim_{x\to 0}\frac{r^x\ln r\cdot\sin(\varphi+2k\pi)x+r^x(\varphi+2k\pi)\cos(\varphi+2k\pi)x}{1}=$$

$\varphi+2k\pi$ （k 为非负整数）

因此

$$\lim_{n\to\infty} n(\sqrt[n]{z}-1)=\ln r+\mathrm{i}(\varphi+2k\pi)$$

192 $\lim\limits_{n\to\infty} z_n\neq 0$ 的充要条件是：$\lim\limits_{n\to\infty}|z_n|\neq 0$ 与 $\lim\limits_{n\to\infty}\varphi_n$ 存在，其中 φ_n 为适当选取 $\arg z_n$ 的值. 并且说明：

(1) $\lim\limits_{n\to\infty} z_n$ 不为负整数时，φ_n 可取 $\arg z_n$ 的主值；

(2) 当 $\lim\limits_{n\to\infty} z_n$ 为负实数时，若 φ_n 取 $\arg z_n$ 的主值，则 $\{\varphi_n\}$ 可能不收敛.

证 充分性. 由于 $\lim\limits_{n\to\infty}|z_n|\neq 0$ 与 $\lim\limits_{n\to\infty}\varphi_n$ 存在，令

$$\lim_{n\to\infty}|z_n|=\lim_{n\to\infty} r_n=r\neq 0,\lim_{n\to\infty}\varphi_n=\varphi$$

于是

$$\lim_{n\to\infty} z_n=\lim_{n\to\infty} r_n(\cos\varphi_n+\mathrm{i}\sin\varphi_n)=r(\cos\varphi+\mathrm{i}\sin\varphi)\neq 0$$

必要性. 令 $\lim\limits_{n\to\infty} z_n=z_0\neq 0$，由于

$$||z_n|-|z_0||\leqslant|z_n-z_0|$$

故有

$$\lim_{n\to\infty}|z_n|=|z_0|\neq 0$$

于是，对 $\varepsilon=|z_0|$，存在 N，当 $n>N$ 时，有

$$|z_n-z_0|<|z_0|=\varepsilon$$

即从某个 N 开始，以后所有的 z_n 都位于以 z_0 为中心，$|z_0|$ 为半径的圆内. 由于 $z_0\neq 0$，当 φ 为 $\arg z_0$ 的任一值时，则上述所有的点 $z_n(n>N)$ 都位于下述角内：它含有点 z_0，而其两边与 x 轴的交角为 $\varphi-\frac{\pi}{2},\varphi+\frac{\pi}{2}$(图1.23). 所以，对于辐角 $\arg z_{N+1},\arg z_{N+2},\cdots$，可以选取为 $\varphi_{N+1},\varphi_{N+2},\cdots$，满足不等式

$$|\varphi_{N+K}-\varphi|<\frac{\pi}{2}\quad(K=1,2,\cdots)$$

而 $\varphi_1,\varphi_2,\cdots,\varphi_N$，可以任意取 $\arg z_1,\arg z_2,\cdots,\arg z_N$ 中各自的一值，则有

$$\lim_{n\to\infty}\varphi_n=\varphi$$

事实上，由 $\lim\limits_{n\to\infty} z_n=z_0$，所以对任给的 $\varepsilon>0(\varepsilon<\frac{\pi}{2})$，存在 N_1，则所有的点 $z_n(n>\max\{N,N_1\})$ 都落在圆 $|z-z_0|=|z_0|\sin\varepsilon$ 内，即落于角 g_ε 内(如图 1.23). 角 g_ε 含有点 z_0，而其两边与实轴的交角为 $\varphi-\varepsilon$ 和 $\varphi+\varepsilon$，故相对应

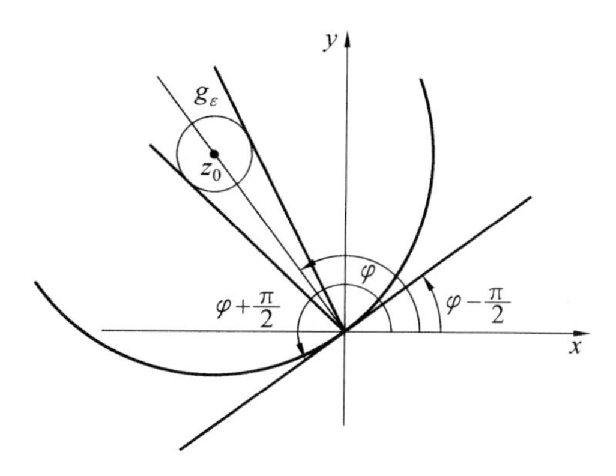

图 1.23

的辐角值 φ_n 满足 $\varphi-\varepsilon<\varphi_n<\varphi+\varepsilon$，即

$$\lim_{n\to\infty}\varphi_n=\varphi_0$$

(1) 当 z_0 不为负实数时，可取 $\arg z_0$ 的主值为 $\varphi(-\pi<\varphi<\pi)$，并取 ε，满足 $-\pi<\varphi-\varepsilon<\varphi<\varphi+\varepsilon<\pi$，因而满足 $|\varphi_n-\varphi|<\varepsilon$ 的 φ_n，并满足 $-\pi<\varphi_n<\pi$，即 φ_n 为 $\arg z_n$ 的主值.

(2) 若 $\lim\limits_{n\to\infty}z_n=z_0$ 为负数时，例如 $\{z_n\}=\left\{-1+(-1)^n\dfrac{1}{n}\mathrm{i}\right\}$，$\lim\limits_{n\to\infty}z_n=-1$，主值 $\varphi_{2K}=\arg z_{2K}=\pi-\arctan\dfrac{1}{2K}$，且主值 $\varphi_{2K-1}=\arg z_{2K-1}=-\pi+\arctan\dfrac{1}{2K+1}$，显然 $\{\varphi_n\}=\arg z_n$ 发散.

注 证明必要性时，我们证明了对 $\arg z_0$ 的任一个值和适当选取的 $\arg z_n$ 值，φ_n 有

$$\lim_{n\to\infty}\varphi_n=\varphi$$

193 若给定序列 $\{a_{np}\}(n,p=0,1,2,\cdots)$，排列如下

$$\begin{array}{l}a_{00}\\a_{10},a_{11}\\a_{20},a_{21},a_{22}\\\vdots\\a_{n0},a_{n1},a_n\cdots a_{nn}\\\vdots\end{array}$$

且满足：(1) 对每一个固定的自然数 P，有

$$\lim_{n\to\infty} a_{np}=0$$

(2) 对一切自然数 n,有

$$|a_{n0}|+|a_{n1}|+|a_{n2}|+\cdots+|a_{nn}|\leqslant M$$

试证明:当 $\lim\limits_{n\to\infty} z_n=0$ 时,有

$$\lim_{n\to\infty}(a_{n0}z_0+a_{n1}z_1+\cdots+a_{nn}z_n)=0$$

证 因为 $\lim\limits_{n\to\infty} z_n=0$,所以对任给 $\varepsilon>0$,存在 $N(\varepsilon)$,当 $n>N$ 时,有

$$|z_n|<\frac{\varepsilon}{2M}$$

又因 $\lim\limits_{n\to\infty} a_{np}=0$,故对上述 $\varepsilon>0$,存在 $M_0(\varepsilon,p)$,当 $n>M_0$ 时,有 $|a_{np}|<\frac{\varepsilon}{2NC}$,其中 $C=\max\{|z_0|,|z_1|,|z_2|,\cdots,|z_N|\}$,于是有

$$|a_{n0}z_0+a_{n1}z_1+z_{n2}z_2+\cdots+a_{nn}z_n|\leqslant$$
$$|a_{n0}z_0+\cdots+a_{nN}z_N|+|z_{nN+1}z_{N+1}+\cdots+a_{nn}z_n|\leqslant$$
$$(|a_{n0}z_0|+|a_{n1}z_1|+\cdots+|a_{nN}z_N|)+(|a_{nN+1}z_{N+1}|+\cdots+|a_{nn}z_n|)<$$
$$C\left(\frac{\varepsilon}{2NC}+\cdots+\frac{\varepsilon}{2NC}\right)+\frac{\varepsilon}{2M}(|a_{nN+1}|+\cdots+|a_{nn}|)\leqslant$$
$$\frac{\varepsilon}{2}+\frac{\varepsilon}{2M}M=\varepsilon$$

这是因为

$$|a_{n0}|+|a_{n1}|+\cdots+|a_{nn}|\leqslant M$$

当然有 $|a_{nN+1}|+\cdots+|a_{nn}|\leqslant M$,且 $n>\max\{N,M_0\}$,即

$$\lim_{n\to\infty}(a_{n0}z_0+a_{n1}z_1+\cdots+a_{nn}z_n)=0$$

194 设有复数列 $\{a_n\},\{b_n\}$,而 $\lim\limits_{n\to\infty} a_n=a$,$\lim\limits_{n\to\infty} b_n=b$. 则

$$\lim_{n\to\infty}\frac{1}{n}(a_1b_n+\cdots+a_nb_1)=ab$$

证 令 $a_n=a+p_n$,则因 $a_n\to a$,故 $|p_n|\to 0$,于是

$$\frac{1}{n}(|p_1|+\cdots+|p_n|)\to 0$$

而

$$\frac{1}{n}(a_1b_n+\cdots+a_nb_1)=\frac{a}{n}(b_1+\cdots+b_n)+\frac{1}{n}(p_1b_n+\cdots+p_nb_1)$$

设 $|b_1|,|b_2|,\cdots,|b_n|,\cdots$ 的最大数为 C,则

$$\left|\frac{1}{n}(p_1b_n+\cdots+p_nb_1)\right|\geqslant\frac{C}{n}(|p_1|+\cdots+|p_n|)$$

所以当 $n\to\infty$ 时

$$\frac{1}{n}(p_1b_n+\cdots+p_nb_1)\to 0$$

于是

$$\lim_{n\to\infty}\frac{1}{n}(a_1b_n+\cdots+a_nb_1)=a\lim_{n\to\infty}\frac{1}{n}(b_1+\cdots+b_n)=ab$$

195 已知一个单位圆及其圆周上一点 P，并给一个距离 d_1，$0<d_1<2$，以 P 为心，d_1 为半径作圆与所给圆交于两点，这两点的距离设为 d_2，又以 P 为心，d_2 为半径作圆等等，得到 $d_3,d_4,\cdots,d_n,\cdots$，求 $\lim\limits_{n\to\infty}d_n$.

解 递推地可得出

$$d_n=d_{n-1}(4-d_{n-1}^2)^{\frac{1}{2}}$$

设 $d_j=|2\sin\phi_j|$，对所有 j 成立，则上式可变为

$$|2\sin\phi_n|=|2\sin 2\phi_{n-1}|$$

此式蕴含 $\phi_n=k_n\pi\pm 2\phi_{n-1}$（$k_n$ 为任意整数）.

由此得出 $\phi_n=M\pi\pm 2^{n-1}\phi_1$（$M$ 为任意整数）.

若极限存在（$d_n\to d$），则 $d=0$ 或 $\sqrt{3}$，因此 $\phi_n\to\phi=k\pi$ 或 $k\pi\pm\frac{\pi}{3}$（可以写为 $\frac{k\pi}{3}$），对所有 n 大于等于某个正整数 p，其逆也保持，因此 $\lim\limits_{n\to\infty}d_n$ 存在的充要条件是 d_1 具有形式 $d_1=\left|2\sin\frac{k\pi}{3}\cdot 2^p\right|$，对某个正整数 p 与 k，此时极限值是 $\left|2\sin\left(\frac{k\pi}{3}\right)\right|$.

注 有趣的是选 d_1 为正 n 角形的一边的情形，若 $n=2^k$，则 $\lim d_n=0$，若 $n=3\cdot 2^k$，则 $\lim d_n=\sqrt{3}$. 在所有其他的情形，序列 $\{d_n\}$ 变为周期的.

196 已知对任何 θ，当 $n\to\infty$ 时，$\sum\limits_{j=0}^{n}\cos j\theta$ 不趋于一个极限，证明 $\lim\limits_{n\to\infty}\sum\limits_{j=0}^{n}\binom{n}{j}\cos j\theta$ 不存在或是零.

证 由二项式定理与棣莫弗公式知

$$\sum_{j=0}^{n}\binom{n}{j}(\cos j\theta+\mathrm{i}\sin j\theta)=\sum_{j=0}^{n}\binom{n}{j}\mathrm{e}^{\mathrm{i}j\mathrm{e}}=(1+\mathrm{e}^{\mathrm{i}\theta})^{n}=$$

$$(1+\cos\theta+\mathrm{i}\sin\theta)^{n}=$$

$$\left(2\cos\frac{\theta}{2}\right)^{n}\left(\cos\frac{n\theta}{2}+\mathrm{i}\sin\frac{n\theta}{2}\right)$$

分开实虚部得

$$\sum_{j=0}^{n}\binom{n}{j}\cos j\theta=\left(2\cos\frac{\theta}{2}\right)^{n}\cos\frac{n\theta}{2}$$

$$\sum_{j=0}^{n}\binom{n}{j}\sin j\theta=\left(2\cos\frac{\theta}{2}\right)^{n}\sin\frac{n\theta}{2}$$

若$\left|2\cos\frac{\theta}{2}\right|<1$(即若$\frac{2\pi}{3}<\theta<\frac{4\pi}{3}(\mathrm{mod}\ \pi)$,则当$n\to\infty$时,两个和趋于零;若$\theta=0$时,后一个和恒等于零;相反,两个和发散,因$\cos\frac{n}{2}\theta$与$\sin\frac{n}{2}\theta$连续振动.

197 具有初始项z_1与递推关系

$$z_{n+1}=\frac{az_n+b}{z_n+d},ad-b\neq 0 \tag{1}$$

的复数列称为 Moebius 数列,记以$M(z_1;a,b,d)$,试求其第n项的表达式,并研究其收敛性.

解 为包含情形$z_n=-d$,对某个n,我们添加点$z=\infty$到复平面上,显然$M(z_1;a,b,d)$有一元素$z_r=\infty$(即$z_{r-1}=-d$)必须且只须z_1是$M(-d;-d,b,-a)$的一个元素.

重新把式(1)写为形式

$$z_{n+1}z_n+dz_{n+1}-az_n-b=0 \tag{2}$$

我们作“辅助方程”

$$z^2+(d-a)z-b=0 \tag{3}$$

设其根为α与β,则

$$\alpha+\beta=a-d,\alpha\beta=-b \tag{4}$$

不难看出:

(i)若α是式(3)的根,且若$z_n=\alpha$对某个n值成立,则对所有n有$z_n=\alpha$,即数列是单值的.

(ⅱ)若数列不单值,则 $z_{n+1} \neq z_n, n=1,2,\cdots$,此时一般有两种情形发生:

(a)$\alpha \neq \beta$,由式(2)与(4),对任何 n,我们得到

$$\frac{z_{n+1}-\alpha}{z_{n+1}-\beta}=\lambda \frac{z_n-\alpha}{z_n-\beta}, \lambda=\frac{d+\beta}{d+\alpha} \tag{5}$$

$\lambda \neq 0$ 与 ∞,因若 $d=-\beta$ 或 $-\alpha$,则 $ad-b=0$,递归关系(1)将被瓦解.

(b)$\alpha=\beta$,此时

$$\frac{1}{z_{n+1}-\alpha}=\frac{1}{z_n-\alpha}+\mu, \mu=\frac{1}{d+\alpha} \tag{6}$$

反复应用式(5)与式(6),便可得出 $M(z_1;a,b,d)$ 的第 n 项表达式

$$\begin{cases} z_n=\dfrac{\alpha(z_1-\beta)-\lambda^{n-1}\beta(z_1-\alpha)}{(z_1-\beta)-\lambda^{n-1}(z_1-\alpha)} \quad (\alpha \neq \beta) \\ \lambda=\dfrac{d+\beta}{d+\alpha} \\ z_n=\dfrac{(z_1-\alpha)(d+\alpha)}{(n-1)(z_1-\alpha)+(d+\alpha)}+\alpha \quad (\alpha=\beta) \end{cases} \tag{7}$$

这里 α 和 β 是辅助方程(3)的根.

依通常的意义,序列 $\{z_n\}$ 收敛,必须且只须 $\lim\limits_{n \to \infty} z_n$ 存在且有限,因此我们有如下论断:

$M(z_1;a,b,d)$ 是单值的,若 $z_1=\alpha$ 或 β,对其他的初始值:

① 收敛到 α,若 $\alpha=\beta$ 或 $|d+\alpha|>|d+\beta|$.

② 发散,若 $|d+\alpha|=|d+\beta|, \alpha \neq \beta$.

事实上,情形 ① 可由式(7)得出,对情形 ②,设 $\lambda=\mathrm{e}^{\mathrm{i}\theta}, \theta \not\equiv 0(\bmod 2\pi)$,则由式(5)得

$$\frac{z_n-\alpha}{z_n-\beta}=\mathrm{e}^{\mathrm{i}(n-1)\theta} \frac{z_1-\alpha}{z_1-\beta} \tag{8}$$

因此 z_n 不能收敛到 α 或 β. 我们注意,适当挑选根 α,情形(a)(b)的一个必能出现.

注 序列 $\{z_n\}$ 称为是周期 m 循环的,若 m 是最小正整数,对所有 n 有 $z_{n+m}=z_n$.

命题 Moebius 序列 $M\{z_1:a,b,d\}, z>\alpha$ 或 β,是周期 m 循环的充要条件是存在整数 $k,(k,m)=1$,使得

$$\frac{(a+d)^2}{(a-d)^2+4b}=-\cot^2 \frac{k\pi}{m} \tag{9}$$

证 由式(8),$z_{m+1}=z_1$ 与 $z_n \neq z_1, 1<n \leqslant m$ 的充要条件是 $m\theta=2k\pi$,对某个与 m 互素的整数 k,有

$$e^{\frac{2k\pi i}{m}}=e^{i\theta}=\lambda=\frac{d+\beta}{d+\alpha}=\frac{(a+d)\pm\sqrt{(a-d)^2+4b}}{(a+a)\mp\sqrt{(a-d)^2+4b}}$$

并注意

$$\cos z=\frac{e^{iz}+e^{-iz}}{2},\sin z=\frac{e^{iz}-e^{-iz}}{2i}$$

于是即可得出上述结果.

还可给出上述命题的特别情形:

命题 实 Moebius 序列 $M(x_1:a,b,d)$,x_1,a,b,d 为实数,辅助方程(3)有实根 α 与 β,$\alpha\geqslant\beta$,若 $x_1=\alpha$ 或 β,则是单值的,对初始值的其他值,序列

(a) 收敛到 α,若 $\alpha=\beta$ 或 $a+d>0$;且收敛到 β,若 $a+d<0$.

(b) 是周期为 2 的循环,若 $a+d=0$.

证 因

$$\alpha\geqslant\beta$$

$$2(d+a)=(a+d)+\sqrt{(a-d)^2+4b}$$

与

$$2(d+\beta)=(a+d)-\sqrt{(a-d)^2+4b}$$

因此 $|d+\alpha|>|d+\beta|$ 蕴含 $a+d>0$,情形 $a+d=0$,$\alpha=\beta$ 不能发生,因这将蕴含 $ad+b$. 若 $a+b=0$,$\alpha\neq\beta$,于是式(9)的分母不能为零,故前述命题可用.

198 考虑 $f(z)=\frac{z}{\bar{z}}+\frac{\bar{z}}{z}$ 的极限.

解 记 $z=re^{i\theta}$,则 $\bar{z}=re^{-i\theta}$,故

$$f(z)=\frac{re^{i\theta}}{re^{-i\theta}}+\frac{re^{-i\theta}}{re^{i\theta}}=e^{i2\theta}+e^{-i2\theta}=\cos 2\theta$$

由此可看出,$f(z)$ 在点 $z=0$ 无极限,因为

$$\lim_{\substack{|z|\to 0\\ \arg z=0}} f(z)=1,\qquad \lim_{\substack{|z|\to 0\\ \arg z=\frac{\pi}{4}}} f(z)=0$$

注 $\cos 2\theta$ 作为 θ 的函数,那么它关于 θ 是连续的,当然有极限,但是,此时 $\cos 2\theta=f(z)$ 是关于复变数 z 的函数. 事实上,$\theta=\arg z$,$f(z)=\cos(2\arg z)$,当 $z\to 0$ 时,2 的辐角可取各种数. 以上,当 $z\to 0$ 时,我们取了 $\arg z$ 的两个不同数值,结果 $f(z)$ 趋于不同的数值,因此当 $z\to 0$ 时,$f(z)=\frac{z}{\bar{z}}+\frac{\bar{z}}{z}$ 的极限不存在.

199 证明$\lim\limits_{z\to 2i}(2x+iy^2)=4i$.

证　任给$\varepsilon>0$,欲证

$$|2x+iy^2-4x|<\varepsilon \tag{1}$$

因

$$|2x+iy^2-4i|\leqslant 2|x|+|y-2||y+2|$$

所以只需

$$|2x|<\frac{\varepsilon}{2},\ |y-2||y+2|<\frac{\varepsilon}{2}$$

成立即可.不妨设

$$|y-2|<\frac{\varepsilon}{10}$$

则

$$-\frac{\varepsilon}{10}<y-2<\frac{\varepsilon}{10}$$

所以

$$4-\frac{\varepsilon}{10}<y+2<4+\frac{\varepsilon}{10}$$

即只要$\varepsilon<10$,则

$$|y+2|<4+\frac{\varepsilon}{10}<5$$

因而

$$|y-2||y+2|<\frac{\varepsilon}{2}$$

故已证:当$\varepsilon<10$时,矩形域$|x|<\frac{\varepsilon}{4}$,$|y-2|<\frac{\varepsilon}{10}$内每点$z$能适合式(1).

当$\varepsilon\geqslant 10$,$|y-2|<\frac{\varepsilon}{10}$可用$|y-2|<1$代之.邻域$|z-2i|<\frac{\varepsilon}{10}$在上述矩形内.故当$\varepsilon<10$时,取$\delta=\frac{\varepsilon}{10}$;当$\varepsilon\geqslant 10$时,取$\delta<1(\delta>0)$.因而当$|z-2i|<\delta$时总有式(1)成立.

200 设$w=f(z)=\frac{1}{2i}\left(\frac{z}{\bar{z}}-\frac{\bar{z}}{z}\right)$,研究其在$z=0$处的极限.

解　令$z=re^{i\theta}$,则

$$w=\frac{1}{2\mathrm{i}}(\mathrm{e}^{2\mathrm{i}\theta}-\mathrm{e}^{-\mathrm{i}\theta})=\sin 2\theta$$

由此知，在点 $z_0=0$ 的任意小邻域内，函数取 $(-1,1)$ 内的所有值. 故不管 w_0 是什么，只要 $\varepsilon<\frac{1}{2}$，则

$$|f(z)-w_0|<\varepsilon$$

对 $z_0=0$ 的任意小的邻域内的所有点都不成立，故 $\lim\limits_{z\to 0}f(z)$ 不存在.

但当 z 沿任意路线 $z=z(t)$（在点 $z=0$ 有切线）趋于零时，$f(z)=f(z(t))$ 的极限存在，只是沿不同路线的极限一般并不相等.

201 求 $\lim\limits_{z\to\infty}\frac{az+b}{cz+d}(ad-bc\neq 0)$.

解 因

$$\lim_{z\to\infty}\frac{az+b}{cz+d}=\lim_{z\to\infty}\frac{a+\frac{b}{z}}{c+\frac{d}{z}}$$

故当 $c\neq 0$ 时，所求极限值是 $\frac{a}{c}$；当 $c=0$，由于 $ad-b\neq 0$，故知 $a\neq 0$，极限值为 ∞.

202 证明 z 沿任何过原点的直线趋于零时，总有 $\lim\limits_{z\to 0}\frac{\sin z}{z}=1$.

证 设 $z=x+\mathrm{i}y$，则 $\lim\limits_{z\to 0}\frac{\sin z}{z}=L$，则

$$L=\lim_{x\to 0}\frac{\sin x\cos hy+\mathrm{i}\cos x\sin hy}{x+\mathrm{i}y}$$

当 z 的路径不重合于虚轴时，令 $y=mx$，则

$$L=\lim_{x\to 0}\frac{\sin x\cos hmx+\mathrm{i}\cos x\sin hmx}{x+\mathrm{i}mx}=$$

$$\frac{1}{1+m\mathrm{i}}\lim_{x\to 0}\left(\frac{\sin x}{x}\cos hmx+\mathrm{i}\cos x\ \frac{\sin hmx}{x}\right)=$$

$$\frac{1}{1+m\mathrm{i}}(1+m\mathrm{i})=1\left(\lim_{x\to 0}\frac{\sin x}{x}=1,\lim_{x\to 0}\frac{\mathrm{sh}\ mx}{x}=m\right)$$

当 z 的路径与虚轴相重合时，$x=0$，故有

$$L=\lim_{y\to 0}\frac{\mathrm{i}\sin hy}{\mathrm{i}y}=1$$

203 令 $z=r(\cos\theta+\mathrm{i}\sin\theta)(0\leqslant\theta<2\pi)$，并设 $f(z)=r+\mathrm{i}\theta$，试研究 z 沿各个方向趋向零时，$f(z)$ 的极限.

解 当 $z\to 0$ 时，必然 $r\to 0$，设 $\lim\limits_{z\to 0}\theta=\alpha$，而 $0\leqslant\alpha<\theta$，即 z 常以 α 或逼近这个方向趋于零，这时 $f(z)$ 有极限 $\mathrm{i}\alpha$，否则 $f(z)$ 没有极限.

204 辐角的主值 $\arg z(-\pi<\arg z\leqslant\pi)$ 对于不在负半轴上的点 $z(\neq 0$ 与 $\infty)$ 为连续.

证 按所设任取 z_0，给定 $\varepsilon>0$，用 δ 表中心在 z_0 不含负半轴上的点且含于夹角开口为 2ε 的扇形内的最大圆的半径，此时对所有适合 $|z-z_0|<\delta$ 的 z 都有

$$|\arg z-\arg z_0|<\varepsilon$$

$\arg z$ 在 $z=0$ 与 $z=\infty$ 不确定，在这种点上谈不上连续.

主值 $\arg z$ 在负半轴上不连续是显然的，因在这种点 z_0 上，$\arg z_0=\pi$，但当 z 由下半平面之点趋于 z_0 时，$\arg z\to-\pi$.

205 求 $\sqrt{1+2\sqrt{1+3\sqrt{1+4\sqrt{1+5\sqrt{1+\cdots}}}}}$.

解 对 $x>0$，设

$$f_n(x)=\sqrt{1+x\sqrt{1+(x+1)\sqrt{1+\cdots+(x+n-1)\sqrt{1+(x+n)}}}}$$

显然 $f_n(x)$ 随 n 递增，但

$$\begin{aligned}x+1&=\sqrt{1+x(x+2)}=\\&\sqrt{1+x\sqrt{1+(x+1)(x+3)}}=\cdots=\\&\sqrt{1+x\sqrt{1+(x+1)\sqrt{1+\cdots+(x+n-1)(x+n+1)}}}>\\&f_n(x)\end{aligned}$$

因此 $f(x)=\lim\limits_{n\to\infty}f_n(x)$ 存在，且

$$f(x)\leqslant x+1$$

再有

$$f(x)>\sqrt{1+x\sqrt{1+x\sqrt{1+x\sqrt{\cdots}}}}=\frac{x+\sqrt{x^2+4}}{2}>x$$

所以

$$x < f(x) \leqslant x+1$$

设

$$\delta(x) = x+1-f(x)$$

则

$$0 \leqslant \delta(x) < 1$$

容易导出函数方程

$$f^2(x) = 1 + xf(x+1)$$

我们得

$$(x+1+f(x))\delta(x) = x\delta(x+1)$$

因此

$$0 \leqslant \frac{\delta(x)}{x} \leqslant \frac{\delta(x+1)}{x+1} \leqslant \cdots \leqslant \frac{\delta(x+n)}{x+n} < \frac{1}{x+n} \to 0$$

所以 $f(x) = x+1$，且所给式子等于 $f(2)$ 且等于 3.

206 设 $f(z)$ 在整个复平面上连续，且当 $z \to \infty$ 时，$\frac{f(z)}{z} \to 1$，证明 $f(z)$ 必有一个零点.

证 由所设，存在一个充分大的实数 $R > 0$，使

$$\left|\frac{f(z)}{z} - 1\right| < 1 \text{ 或 } |f(z) - z| < |z|$$

对 $|z| > R$，因此如 z 描出一个以原点为中心，以 $t_0 > R$ 为半径的圆，$f(z)$ 将描出一个原点在其内部的闭曲线 Γ，但 $f(0)$ 是复平面上的某个点 ξ，且因 $f(z)$ 为 z 的连续函数，如由 z 描出的圆的半径 t 由 t_0 连续变化到 0，由 $f(z)$ 描出的闭曲线将由 Γ 连续变成一点 ξ，因此由 $f(z)$ 描画的曲线，存在某个 t_1，当 z 描画的圆为半径 t_1 时，曲线过复平面的原点.

另证 设

$$g(z) \equiv z - f(z)$$

则 $g(z)$ 是一个连续函数，映射整个 z 平面到它自身，当 $z \to \infty$ 时，$\frac{g(z)}{z} \to 0$，令 C_r 是一个以 r 为半径，原点为心的圆所围成的有界闭区域，对某个 r，g 映射 C_r 到它自身，若不然的话，将有一个无穷序列 $z_1, z_2, \cdots$，$\left|\frac{g(z_n)}{z_n}\right| > 1$，且 $\frac{g(z_n)}{z_n}$ 将无极限 0.

由 g 映射到其自身的 C_r 有一个不动点，即有这样的点 z_0，$g(z_0)=z_0$，因而 $f(z_0)=0$.

207 在映射 $w=\dfrac{1}{z}$ 下，曲线（Ⅰ）$x^2+y^2=4$，（Ⅱ）$(x-1)^2+y^2=1$ 变成 W 平面上的什么曲线？

解 记

$$z=x+\mathrm{i}y,w=u+\mathrm{i}v$$

考虑曲线（Ⅰ）：

解法一 因为

$$u+\mathrm{i}v=\frac{1}{z}=\frac{x}{x^2+y^2}-\mathrm{i}\frac{y}{x^2+y^2}$$

故

$$u=\frac{x}{x^2+y^2},\quad v=\frac{-y}{x^2+y^2}$$

所以

$$u^2+v^2=\frac{1}{x^2+y^2}$$

因此，z 平面上的曲线 $x^2+y^2=4$，在映射 $w=\dfrac{1}{z}$ 下变成 W 平面上的曲线 $u^2+v^2=\dfrac{1}{4}$，这是将 z 平面上一个以原点为心，2 为半径的圆变成了 W 平面上一个以原点为心，$\dfrac{1}{2}$ 为半径的圆.

解法二 因 $x^2+y^2=4$，即 $z\bar{z}=4$，又 $w=\dfrac{1}{z}$ 或 $z=\dfrac{1}{w}$，因而 $\bar{z}=\dfrac{1}{\bar{w}}$ 代入等式 $z\bar{z}=4$ 即得

$$\frac{1}{w}\cdot\frac{1}{\bar{w}}=4 \text{ 或 } w\cdot\bar{w}=\frac{1}{4}$$

亦即

$$u^2+v^2=\frac{1}{4}$$

所以象曲线是圆

$$u^2+v^2=\frac{1}{4}$$

考虑曲线（Ⅱ）：

因为

$$(x-1)^2+y^2=1$$

即 $z\bar{z}-z-\bar{z}=0$,将 $z=\frac{1}{w}$,$\bar{z}=\frac{1}{\bar{w}}$ 代入此式即得

$$\frac{1}{w}\cdot\frac{1}{\bar{w}}-\frac{1}{w}-\frac{1}{\bar{w}}=0$$

或

$$w+\bar{w}=1$$

亦即 $u=\frac{1}{2}$,所以象曲线是直线 $u=\frac{1}{2}$.

注 曲线 $(x-1)^2+y^2=1$ 是过原点 $z=0$ 的,刚才说此曲线在映射 $w=\frac{1}{z}$ 下的象曲线是直线 $u=\frac{1}{2}$,那么原象曲线上的点 $z=0$ 对应象曲线上的哪一点呢?实际上,点 $z=0$ 不对应直线 $u=\frac{1}{2}$ 上的任何有限点,但当我们把 ∞ 添加到直线 $u=\frac{1}{2}$ 上去之后,并且视点 $z=0$ 的象点是 $w=\infty$,那么就可说原象曲线 $(x-1)^2+y^2=1$ 在映射 $w=\frac{1}{z}$ 之下的象曲线是这样一条"扩充了的"直线.

208 试证明:$\lim\limits_{z\to z_0}f(z)=A$ 的充要条件是

$$\lim_{z\to z_0}\mathrm{Re}\ f(z)=\mathrm{Re}\ A \text{ 与 } \lim_{z\to z_0}\mathrm{Im}\ f(z)=\mathrm{Im}\ A.$$

证法一 必要性.由于

$$|f(z)-A|=|\overline{f(z)}-\bar{A}|$$

故

$$\lim_{z\to z_0}f(z)=A$$

等价于

$$\lim_{z\to z_0}\overline{f(z)}=\bar{A}$$

所以

$$\lim_{z\to z_0}\mathrm{Re}\ f(z)=\lim_{z\to z_0}\frac{1}{2}[f(z)+\overline{f(z)}]=$$

$$\frac{1}{2}(A+\bar{A})=\mathrm{Re}\ A$$

$$\lim_{z\to z_0}\operatorname{Im} f(z)=\lim_{z\to z_0}\frac{1}{2\mathrm{i}}[f(z)-\overline{f(z)}]=$$

$$\frac{1}{2\mathrm{i}}(A-\overline{A})=\operatorname{Im} A$$

充分性显然

$$\lim_{z\to z_0} f(z)=\lim_{z\to z_0}\operatorname{Re} f(z)+\mathrm{i}\lim\operatorname{Im} f(z)=$$

$$\operatorname{Re} A+\mathrm{i}\operatorname{Im} A=A$$

证法二 必要性. 因为对任给 $\varepsilon>0$, 存在 $\delta>0$, 当 $0<|z-z_0|<\delta$(即 $0<\sqrt{(x-x_0)^2+(y-y_0)^2}<\delta$) 时, 有

$$|f(z)-A|<\varepsilon$$

若

$$f(z)=u(x,y)+\mathrm{i}v(x,y),A=a+\mathrm{i}b$$

则

$$|u(x,y)-a|=|\operatorname{Re}[f(z)-A]|\leqslant|f(z)-A|<\varepsilon$$
$$|v(x,y)-b|=|\operatorname{Im}[f(z)-A]|\leqslant|f(z)-A|<\varepsilon$$

充分性. 因为对任给 $\varepsilon>0$, 存在 $\delta>0$, 当 $0<\sqrt{(x-x_0)^2+(y-y_0)^2}=|z-z_0|<\delta$ 时, 有

$$|u(x,y)-a|<\frac{\varepsilon}{\sqrt{2}} \text{ 与 } |v(x,y)-b|<\frac{\varepsilon}{\sqrt{2}}$$

所以

$$|f(z)-A|=\sqrt{[u(x,y)-a]^2+[v(x,y)-b]^2}<\varepsilon$$

209 证明函数 $f(z)=z^n$ 在整个复平面上连续.

证法一 对复平面上任意一点 z_0, 来证明 $\lim\limits_{z\to z_0} z^n=z_0^n$. 不妨在圆 $|z|\leqslant M=|z_0|+1$ 内考虑. 因为

$$|z^n-z_0^n|\leqslant|z-z_0|(|z|^{n-1}+|z|^{n-2}|z_0|+\cdots+$$
$$|z_0|^{n-1})\leqslant|z-z_0|nM^{n-1}$$

故对任给 $\varepsilon>0$, 只要取 $\delta\leqslant\frac{\varepsilon}{nM^{n-1}}$, 于是当 $|z-z_0|<\delta$ 时, 就有

$$|z^n-z_0^n|<\varepsilon$$

证法二 显然, $\varphi(z)=z$ 在整个复平面上连续, 由四则运算知, $f(z)=z^n$ 在整个复平面上连续.

210 讨论下列函数在点 $z=x+\mathrm{i}y$ 的连续性

(1) $f(z)=\begin{cases}\dfrac{2xy}{x^2+y^2} & (z\neq 0)\\ 0 & (z=0)\end{cases}$

(2) $f(z)=\begin{cases}\dfrac{x^3y}{x^4+y^2} & (z\neq 0)\\ 0 & (z=0)\end{cases}$

解 由于 $f(z)$ 的表达式都是 x,y 的有理式，所以除去使分母为零的点 $z=0$ 外，$f(z)$ 是连续的，因而只需讨论 $f(z)$ 在 $z=0$ 的情况.

(1) 当点 $z=x+\mathrm{i}y$ 沿直线 $y=kx$ 趋于 $z=0$ 时

$$f(z)=\frac{2xy}{x^2+y^2}=\frac{2k}{1+k^2}\to\frac{2k}{1+k^2}$$

这个极限值依 k 值的变化而不同，所以 $f(z)$ 在点 $z=0$ 不连续.

(2) 令 $z=r(\cos\varphi+\mathrm{i}\sin\varphi)$，当 $z\neq 0$ 时

$$f(z)=\frac{x^3y}{x^4+y^2}=\frac{r^2\cos^3\varphi\sin\varphi}{r^2\cos^4\varphi+\sin^2\varphi}$$

对任给的 $\varepsilon>0$，取 $\delta=\varepsilon$，当 $|z-0|=|re^{\mathrm{i}\varphi}|=r<\varepsilon$ 时，若 $|\varphi|=\dfrac{\pi}{2}$，则显然

$$|f(z)|=0<\varepsilon$$

若 $|\varphi|\neq\dfrac{\pi}{2}$，而 $|\tan\varphi|<\varepsilon$，则

$$|f(z)|\leqslant\left|\frac{r^2\cos^3\varphi\sin\varphi}{r^2\cos^4\varphi}\right|=|\tan\varphi|<\varepsilon$$

若 $|\tan\varphi|\geqslant\varepsilon$ 时，则

$$f(z)<\left|\frac{r^2\cos^3\varphi\sin\varphi}{\sin^2\varphi}\right|\leqslant\frac{r^2}{|\tan\varphi|}\leqslant\varepsilon$$

所以，对任给 $\varepsilon>0$，存在 $\delta=\varepsilon$，当 $|z-0|<\delta$ 时，有

$$|f(z)|<\varepsilon\quad(\text{因 } f(0)=0)$$

即 $f(z)$ 在点 $z=0$ 是连续的.

211 若 $\mathrm{e}^z=\mathrm{e}^x(\cos y+\mathrm{i}\sin y)$，试证明 $\lim\limits_{z\to 0}\dfrac{\mathrm{e}^z-1}{z}=1$.

证 显然

$$\mathrm{e}^z-1=\mathrm{e}^x\cos y-1+\mathrm{i}\sin y\cdot\mathrm{e}^x=$$

$$(e^x-1)-e^x(1-\cos y)+ie^x\sin y$$

令

$$\varphi(x)=\begin{cases}\dfrac{e^x-1}{x} & (x\neq 0)\\ 1 & (x=0)\end{cases}$$

$$\psi(y)=\begin{cases}\dfrac{1-\cos y}{y} & (y\neq 0)\\ 0 & (y=0)\end{cases}$$

$$W(y)=\begin{cases}\dfrac{\sin y}{y} & (y\neq 0)\\ 1 & (y=0)\end{cases}$$

则有

$$\lim_{x\to 0}\varphi(x)=1$$

$$\lim_{y\to 0}\psi(y)=0$$

$$\lim_{y\to 0}W(y)=1$$

而

$$\frac{e^z-1}{z}=\frac{x}{z}+\frac{iy}{z}+\frac{(\varphi(x)-1)x}{z}-\frac{e^x\psi(y)y}{z}+\frac{ie^x(W(y)-1)y}{z}+\frac{ix\varphi(x)y}{z}$$

故

$$\left|\frac{e^z-1}{z}-1\right|\leqslant|\varphi(x)-1|+e^x|\psi(y)|+e^x|W(y)-1|+|x\varphi(x)|$$

当 $z\to 0$ 时，有 $x\to 0, y\to 0$，上式右端趋于0，即

$$\lim_{z\to 0}\frac{e^z-1}{z}=1$$

212 在单位圆内，函数 $f(z)=\dfrac{1}{1-z}$ 是否连续？是否一致连续？

解法一 （证明 $f(z)$ 在 $|z|<1$ 连续）

对任意的 $|z_0|<1$，取 $\delta_1=\dfrac{1-|z_0|}{2}$，当 $z\in N(z_0,\delta_1)$ 时

$$|f(z)-f(z_0)|=\left|\frac{1}{1-z}-\frac{1}{1-z_0}\right|=$$

$$\left|\frac{z-z_0}{(1-z)(1-z_0)}\right| \leqslant \frac{|z-z_0|}{\delta_1^2}$$

这是因为

$$|1-z_0| \geqslant 1-|z_0| > \frac{1-|z_0|}{2}=\delta_1$$

$$\begin{aligned}|1-z| &= |(1-z_0)-(z-z_0)| \geqslant \\ & |1-z_0|-|z-z_0| \geqslant \\ & (1-|z_0|)-\delta_1=\delta_1\end{aligned}$$

故对任给的 $\varepsilon>0$,取 $\delta=\varepsilon\delta_1^2$,当 $|z-z_0|<\delta$ 时,有

$$|f(z)-f(z_0)|<\varepsilon$$

由 z_0 的任意性知,$f(z)$ 在 $|z|<1$ 时连续.

解法二　因函数 $\varphi(z)=1-z$ 连续,当 $|z|<1$ 时,$\varphi(z)\neq 0$,故

$$f(z)=\frac{1}{\varphi(z)}=\frac{1}{1-z}$$

在 $|z|<1$ 时连续.

方法三　由于当 $|z|=|x+\mathrm{i}y|<1$ 时,对任意一点 $z_0=x_0+\mathrm{i}y_0$,$|z_0|<1$,有

$$f(z)=\frac{1}{1-x-\mathrm{i}y}=\frac{(1-x)+\mathrm{i}y}{(1-x)^2+y^2}$$

$$f(z_0)=\frac{1}{1-x_0-\mathrm{i}y_0}=\frac{(1-x_0)+\mathrm{i}y_0}{(1-x_0)^2+y_0^2}$$

故

$$\begin{aligned}\lim_{z\to z_0} f(z) &= \lim_{\substack{x\to x_0\\ y\to y_0}}\frac{(1-x)+\mathrm{i}y}{(1-x)^2+y^2}= \\ & \lim_{\substack{x\to x_0\\ y\to y_0}}\frac{1-x}{(1-x)^2+y^2}+\lim_{\substack{x\to x_0\\ y\to y_0}}\frac{y}{(1-x)^2+y^2}= \\ & \frac{1-x_0}{(1-x_0)^2+y_0^2}+\mathrm{i}\,\frac{y_0}{(1-x_0)^2+y_0}=f(z_0)\end{aligned}$$

下面证明 $f(z)$ 在 $|z|<1$ 不一致连续.

对 $\varepsilon_0=\frac{1}{2}$,无论 δ 多么小,总可选取 $z_1=1-\frac{1}{n}$ 与 $z_2=1-\frac{2}{n}$,虽有 $|z_1-z_2|=\frac{1}{n}<\delta$(只要 $n>\frac{1}{\delta}$ 即可),但

$$|f(z_1)-f(z_2)|=\frac{n}{2}>\varepsilon_0$$

故

$$f(z)=\frac{1}{1-z}$$

在 $|z|<1$ 不一致连续.

213 假设对于 $|z|<1$ 确定的函数 $f(z)$ 不但连续,而且一致连续,试证明:当 $z_n \to z_0$ 时(其中 $|z_n|<1$, z_0 为边界点), $\lim\limits_{n\to\infty} f(z_n)$ 存在并与序列的选取无关.

证 (1) 先证 $\lim\limits_{n\to\infty} f(z_n)$ 存在. 用柯西准则.

任给 $\varepsilon>0$,因 $f(z)$ 在 $|z|<1$ 是一致连续的,所以存在 $\delta>0$,对单位圆内的任意两点 z_n 与 z_m,当 $|z_m-z_n|<\delta$ 时,有

$$|f(z_n)-f(z_m)|<\varepsilon$$

又因 $z_n\to z_0$($|z_n|<1$, $|z_0|=1$),所以对上述的 δ,存在 N_1,当 $N>N_1$ 时, $|z_N-z_0|<\frac{\delta}{2}$, $|z_{N+P}-z_0|<\frac{\delta}{2}$, P 为自然数,即

$$|z_{N+P}-z_N|\leqslant|z_{N+P}-z_0|+|z_N-z_0|<\delta \quad (N>N_1)$$

P 为自然数,故有

$$|f(z_{N+P})-f(z_N)|<\varepsilon$$

所以, $\lim\limits_{n\to\infty} f(z_n)$ 存在.

(2) 证明 $\lim\limits_{n\to\infty} f(z_n)$ 与序列选取无关.

若序列 $\{z'_n\}$ 不同于 $\{z_n\}$, $|z'_n|<1$, $z'_n\to z_0$, $|z_0|=1$,这时, $\lim\limits_{n\to\infty} f(z'_n)$ 存在. 下面证明

$$\lim_{n\to\infty} f(z_n)=\lim_{n\to\infty} f(z'_n)$$

由于 $z'_n\to z_0$,对 $\frac{\delta}{2}$,存在 N',当 $n>N'$ 时,有

$$|z'_n-z_0|<\frac{\delta}{2}$$

取 $N_2=\max\{N',N_1\}$,当 $n>N_2$ 时,有

$$|z'_n-z_n|\leqslant|z'_n-z_0|+|z_n-z_0|<\delta$$

$$|z'_n|<1, \quad |z_n|<1$$

由 $f(z)$ 在 $|z|<1$ 内的一致连续性知

$$|f(z'_n)-f(z_n)|<\varepsilon$$

即

$$\lim_{n\to\infty}[f(z'_n)-f(z_n)]=0$$

所以

$$\lim_{n\to\infty} f(z'_n)=\lim_{n\to\infty} f(z_n)$$

214 假设 $f(z)$ 是将集 E 映射成 $F=f(E)$ 的一一的映射，如果 $f(z)$ 及其反函数 $f^{-1}(w)$ 均连续，则称 $f(z)$ 为一个拓扑映射(或同胚映射).

证明：将开集 E 映射成开集 F 的任一拓扑映射，必将 E 的开子集映射成 F 的开子集，反之亦真.

证法一 设 $f(z)$ 是将开集 E 映射成开集 $F=f(E)$ 的任一拓扑映射，E_1 是 E 的开子集，且设 $f(E_1)=F_1$. 因为映射是一一映射的，所以 $F_1\subset F$，即 F_1 是 F 的子集，故只需证明 F_1 是开集.

由于 E_1 是开集，而映射是拓扑映射，故 f 与 f^{-1} 是连续的，而

$$F_1=f(E_1)=(f^{-1})^{-1}(E_1)=\varphi^{-1}(E_1)$$

其中 $\varphi=f^{-1}$ 是连续的，这说明 F_1 是定义在开集 F 上的连续函数 φ 的映射下，开集 E_1 的原象，因此 F_1 是开集.

证法二 对任一 $w_0\in F_1$，由于映射是一对一的，即有 $z_0\subset E_1$，使 $f(z_0)=w_0$.

因 E_1 是开集，故存在点 z_0 的邻域 $N(z_0,\delta_1)\subset E_1$. 又由于 $f(z)$ 在点 z_0 的连续性，故点 z_0 的邻域 $N(z_0,\delta)\subset N(z_0,\delta_1)\subset E_1(\delta<\delta_1)$，使得

$$f[N(z_0,\delta)]=N(w_0,\varepsilon)\subset f(E_1)=F_1$$

所以 F_1 是开集.

反之，由于 f 是拓扑映射，所以 f^{-1} 是连续的，仿上可证 E_1 是开集.

编辑手记

大学生除了课本后的习题和考研辅导班留的习题，还要再做什么题吗？我们先看看邻居印度的情况.

当代一流的四位印度数学家：S. R. S. Varadhan（概率，获 Abel 奖），K. R. Pathasarathy（量子概率），V. S. Vara darajan（数学物理），还有 R. Ranga Rao（分析学家）. 他们竟然是读研究生时的同学，自发地一起搞了 3 年的讨论班. 这样的学习态度恐怕就不单单是要应付考试，而只能用热爱甚至是酷爱数学来解释. 做习题是理解数学的不二法门. 只做课本中的习题是远远不够的，还应找些课外题目来做. 网络上题目很多，但不靠谱、不聚堆、没条理. 所以还是应该找一本纸质书. 本书是个不错的选择，它连分析学的最基本的部分都包含了. 对于学分析学的学生都有用，不论是实分析还是复分析. 借此，我们回顾一下分析学的简要历史.

分析学(analysis)17 世纪以来围绕微积分学发展起来的数学分支. 一般认为它是数学中最大的一个分支. 分析学所研究的内容随着数学的发展而不断变动. 17～18 世纪的分析学，以微积分学和无穷级数为主，包括变分学、微分方程、积分方程和复变函数论的基本内容. 到了 19 世纪，变分法、微分方程和积分方程得到很大发展. 但在这一时期，随着微积分基础的严密化，函数论得到极大发展,并在分析学中占据特殊地位.在20世纪,由于变分法和积分方程一般理论的需要,产生了泛函分析.20世纪以来,由于数学其他分支的发展和相互渗透,推动了近代微分方程的发展.它已成为分析学的一个最大分支.虽然它的内容仍属于分析学,但我们把它作为数学的一个独立分支,与概率论和数理统计等分支并列.分析学的近代发展,还包括大范围变分法、遍历理论、位势论和流形上的分析,这些分支又与数学的其他分支相互渗透和综合.

早期的微积分学也叫无穷小分析.这是因为在创立微积分的过程中,主要研究对象是无穷小量.1669年,牛顿发表了题为《运用无穷多项方程的分析学》的小册子,称微积分学为分析学,他把无穷级数也纳入了分析学的范围.当时微积分的名称还没有出现,牛顿称这门新学科为分析学,以示其区别于几何学和代数学.最早把“分析”与“无穷小”联系起来的是法国数学家洛必达.他的著作《无穷小分析》(1696年)是第一本系统的微积分教科书.

极限和定积分的思想,在古代已经萌芽.在中国,公元前4世纪,桓团、公孙龙等提出的“一尺之棰,日取其半,万世不竭”,以及刘徽所创割圆术,都反映了朴素的极限思想.在古希腊,德谟克利特提出原子论思想,欧多克索斯建立了求面积和体积的穷竭法,阿基米德对面积和体积问题的进一步研究,这些工作都孕育了近代积分学的思想.

在17世纪,研究运动成为自然科学的中心课题.微积分的出现,最初是为了处理几何学和力学中的几种典型问题.成批的欧洲学者围绕面积、体积、曲线长、物体重心、质点运动的瞬时速度,曲线的切线和函数极值等问题做了大量的工作,穷竭法被逐步修改,并最终为现代积分法所代替.有关微分学的工作,大体上是沿着两条不同路径进行的,一条是运动学的,一条是几何学的,有时也是交叉在一起的.在这一时期,出现了大量的极成功的并且富有启发性的方法,有关微积分学的大量知识已经积累起来.

17世纪末,英国数学家牛顿和德国数学家莱布尼茨各自独立地在前人工作的基础上创立了微积分学.他们分别从力学和几何学的角度建立了微积分学的基本定理和运算法则,从而使微积分能普遍应用于自然科学的各个领域,成为一门独立的学科,并且是数学中最大分支“分析学”的源头.

微积分学的建立,使分析数学得到迅速的发展.在18世纪,微积分学成为数学发展的主要线索.微积分本身的内容不断地得到完善,其应用范围日益扩大.

由于围绕微积分发明权所产生的争议,使微积分在英国和欧洲大陆沿着完全不同的路线发展.在英国,数学家们出于对牛顿的崇拜和狭隘的民族偏见,拘泥于牛顿的流数法,故步自封.在泰勒和马克劳林之后,数学发展陷于长期的停滞状态.而在欧洲大陆,伯努利家族的数学家们和欧拉继承了莱布尼茨的微积分,使之发扬光大.特别是欧拉开始把函数作为微积分的主要研究对象,使微积分的发展进入了新的阶段.

在这一时期的数学家大都忙于获取微积分的成果与应用,较少顾及其概念和方法的严密性.尽管如此,也有一些人对建立微积分的严格基础做出重要尝试.除了欧拉的函数理论外,另一位天才的分析大师拉格朗日采用所谓"代数的途径",主张用泰勒级数来定义导数,以此来作为微积分理论的出发点.达朗贝尔则发展了牛顿的"首末比方法",用极限概念代替含糊的"最初与最末比"说法.

微积分在物理、力学和天文学中的广泛应用,是18世纪分析数学发展的一大特点.这种应用使分析学的研究领域不断扩充,形成了许多新的分支.

1747年,达朗贝尔关于弦振动的著名研究,导出了弦振动方程及其最早的解,成为偏微分方程的发端.通过对引力问题的深入探讨,获得了另一类重要的偏微分方程——位势方程.与偏微分方程相关的一些理论问题也开始引起注意.

常微分方程的发展更为迅速.从17世纪末开始,三体问题、摆的运动及弹性理论等的数学描述引出了一系列的常微分方程,其中以三体问题最为重要,二阶常微分方程在其中占有中心位置.约翰·伯努利、欧拉、黎卡提、泰勒等人在这方面都做出了重要工作.

变分法起源于最速降线问题和与之相类似的其他问题.欧拉从1728年开始从事这类问题的研究,最终确立了求积分极值问题的一般方法,奠定了变分法的基础.拉格朗日发展了欧拉的方法,首先将变分法建立在分析的基础之上,他还用变分法来建立其分析力学体系.

这些新的分支与微积分共同构成了分析学的广大领域,它与代数、几何并列为数学的三大分支.

18世纪末到19世纪初,为微积分奠基的工作已迫切地摆在数学家面前.19世纪分析严格化的倡导者有高斯、波尔查诺、柯西、阿贝尔、狄利克雷和维尔斯特拉斯等人.1812年,高斯对超几何级数进行了严密研究,这是最早的有关级数收敛性的工作.1817年,波尔查诺放弃无穷小量的概念,用极限观念给出导数和连续性的定义,并得到判别级数收敛的一般准则.但是他的工作没有及时被数学界了解.柯西是对分析严格化影响最大的学者,1821年发表了代表作《分析教程》,除独立得到波尔查诺的基本结果外,还用极限概念定义了连续函数的定积分.这是建立分析严格理论的第一部重要著作.阿贝尔一直强调分析中定理的严格证明,在1826年最早使用一致收敛的思想证明了一个一致收敛的连续函数项级数之和在其收敛域内连续.1837年,狄利克雷按变量间对应的说法给出了现代意义下的函数定义.从1841年起,维尔斯特拉斯开始了将分析奠基于算术的工作,他采用明确的一致收敛概念,使级数理论更趋完善.他把柯西的极限方法发展为现代通用的 $\varepsilon-\delta$ 说法.但是直到19世纪70年代,算术中最基本的实数概念仍是模糊的.1872年,维尔斯特拉斯、康托、戴德金和其他一些数学家在确认有理数存在的前提下.通过不同途径(戴德金分割、有理数基本序列等)给出无理数的精确定义.又经过不少数学家的努力,最终在1881年,由皮亚诺建立了自然数的公理体系.由此可从逻辑上严格定义正整数、负数、分析和无理数,从此微积分学才形成了严密的理论体系.

单复变函数论在19世纪分析学中占据特殊地位,几乎相当于17~18世纪微积分在数学中所处的位置.在18世纪,欧拉、达朗贝尔和拉普拉斯等人联系着力学的发展,对于单复变函数已经做了不少的工作.但函数论作为一门学科的发展,是19世纪的事.复变函数论的理论基础主要由柯西、黎曼和维尔斯特拉斯建立起来.

19世纪以来偏微分方程和常微分方程的理论也有很大发展.特别应该指出的是,与偏微分方程密切相关的傅立叶分析也在这一世纪发展起来.傅立叶在1811年的论文中采取把函数用三角函数展开的方法来解热传导方程,从而产生了傅立叶级数和傅立叶积分的概念.由此建立了傅立叶分析的理论.这一理论很快得到发展和广泛的应用.

20世纪初,由于19世纪以来对于函数性质的一系列发现,打破了自从微积分学发展以来形成的一些传统理解.又由于对傅立叶分析的进一步研究,显示了黎曼积分的局限性.这两方面的原因,都促使对积分理论的进一步探讨.1902年,勒贝格在前人工作的基础上出色地完成了这项工作,建立了后来人们称之为勒贝格积分的理论,奠定了实变函数论的基础.

泛函分析的发展反映了20世纪数学发展的一个特点,即对普遍性和统一性的追求.在泛函分析中,函数已不作为个别对象来研究,而是作为空间中的一个点.与几何学结合起来,对整个一类函数的性质加以研究.泛函的抽象理论是1887年由意大利数学家沃尔泰拉在他关于变分法的工作中开始的,但泛函分析的开端还与积分方程有密切联系.在建立函数空间和泛函的抽象理论的卓越成就中,应首推法国数学家弗雷歇的著名工作.希尔伯特、施密特、巴拿赫、冯·诺伊曼、迪拉克、盖尔范德等在发展泛函分析理论的工作中都做出了杰出的贡献.

函数逼近论也是在19世纪末至20世纪初发展起来的分析学的一个分支.它的中心思想是用简单的函数来逼近复杂的函数.1859年切比雪夫考虑了最佳逼近问题,1885年维尔斯特拉斯证明了连续函数可用多项式在固定区间上一致逼近.他们的工作至今仍有影响.函数构造论的基础是由美国数学家杰克逊和苏联数学家伯恩斯坦奠定的(1912年).1957年,柯尔莫戈洛夫关于用单变量函数表示多变量函数的工作,进一步发挥了函数逼近论的中心思想.在函数逼近中,逼近的方式和所选用的工具直接影响逼近程度.柯尔莫戈洛夫、美国数学家沃尔什、洛伦茨等在这方面都有重要工作.函数逼近论的思想已经渗透到分析学的许多领域.

20世纪发展起来的多复变函数论是近代分析学中很有发展前途的分支之一.早在19世纪,维尔斯特拉斯、庞加莱和库辛就把单复变函数论中的一些重要结果向多复变量的情形推广,得到了多复变全纯函数的一些基本结果.20世纪以来,特别是30年代以后,多复变函数的研究十分活跃.法国数学家H.嘉当、日本数学家冈·潔取得了显著成果.50年代以后,在多复变函数的研究中,出现了用拓扑和几何方法研究多复变全纯函数整体性质的趋势.而近代微分几何与复分析的相互融合导致了复流形概念的建立,以及对多复变函数的自守函数的研究.这些都表明近代多复变函数的发展更趋于综合.它除了联系着分析学的许多分支外,还紧密联系着几何学、代数学以及代数几何的发展,体现了近代数学发展的特点.

在阅读本书时,还有一个问题是怎样做习题,习题做不出来该怎么办.一般老师给出的建议是给一个时间节点,比如一周时间,做不出来就看看书后的答案.这只是普通教师给普通学生的建议,那么优秀的教师和优秀的学生该怎么做呢?当然是反复啃名著,将名著中的基本原理吃透后,自会有解答的思路出现.

众所周知，苏步青教授的微分几何领路人是洼田教授.那么苏步青的这位留德的老师是如何指导他的呢？洼田对他要求十分严格，每周要他汇报学习情况.有一次他遇到一个难题，解不出来，就去问洼田老师.老师不直接给他答案，要他去看一本巨著——沙尔门·菲德拉的《解析几何》，这书有三巨册2 000页.开始时，苏步青觉得老师不肯给自己教导，心中有些不愉快，可是又不得不去啃这书.两年后，他读完这本书，问题解决了，而他的基础更踏实了，以后终身可受用，他这才明白老师的良苦用心.

最后一个问题是，如果不为考研，读这么多复变函数论有什么用.往低点说，即使是当一名合格的中学数学教师，如果没有较深厚的复变函数功底都不可以.你可发现本卷中许多题目在中学都出现过，有些还是各级各类的数学奥赛的试题.

往高一点说，毕业后要想当一名工程技术人员，没点复变函数论功底更不行.Wylie（不是那个续译《几何原本》的 Alexander Wylie）的《Advanced Engineering Mathematics》（McGraw-Hill，1951）中，列举了几方面的简单应用列于后.供了解：

一、在流体力学的应用

设流体在二维空间中流动，就是在平行于某一平面的所有平面上流动状态都是相同的流动.我们只需考虑其在某一个平面上的流动.取这个平面作复数平面.假定所考虑的流体是不可压缩和没有粘性的理想流体，而且是定常的，即和时间无关的流动.

设O为坐标原点，流体任一个质点所走的路线为Γ，Γ叫做流线.如流体在每一点的流动速度为已知，则通过弧OAP的流量等于速度沿法线方向的分量的积分.

假定在流体流动的区域内没有流源，就是没有中途加入的流体，同时流体也不中途减少，则流体在每单位时间流过弧OAP的量是等于在同时间内流过其他弧（如OBP，OCP'等）的量（图1）.但如P在另一条流线上，则流过的量就会改变.因此对每一条流线，有一个定值和它相对应，而

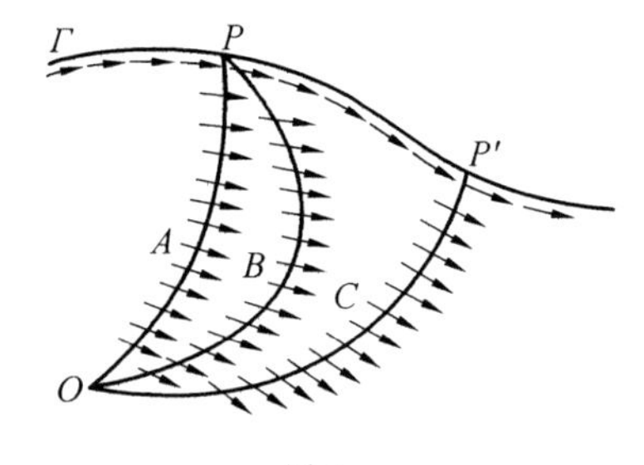

图1

对全部流线就存在一个函数 $\Psi(x,y)$，它在点 $P(x,y)$ 的值等于在单位时间内流过从任意定点 O 到 P 的弧段的流体质量，加上一个任意常数，这叫做流函数.

设流函数 Ψ 为已知，则流体流动的性质可以决定，因为由流函数，可推知流速度在每点的分量. 设在流动平面上取弧 ds，并命流体在 ds 上的点 x,y 的分速度分别为 V_x, V_y（图 2）. 因经过弧 ds 的流动率是 $d\Psi$，所以

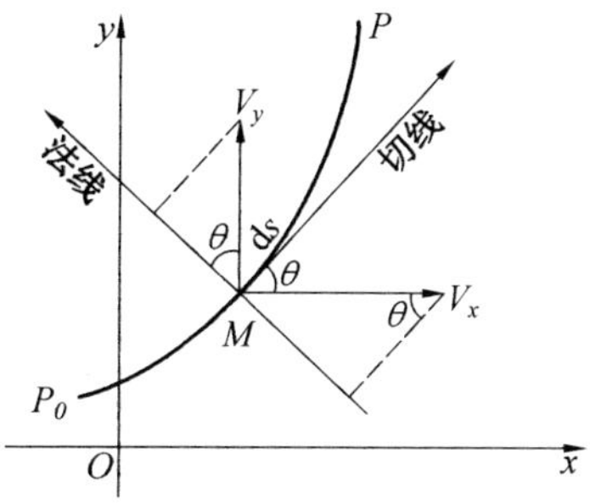

$$d\Psi=(V_x\sin\theta-V_y\cos\theta)ds$$

图 2

因

$$dx=\cos\theta ds, dy=\sin\theta ds$$

故得

$$d\Psi=-V_y dx+V_x dy$$

假定 Ψ 是可微函数，则由

$$d\Psi=\frac{\partial\Psi}{\partial x}dx+\frac{\partial\Psi}{\partial y}dy$$

得

$$V_x=\frac{\partial\Psi}{\partial y},\quad V_y=-\frac{\partial\Psi}{\partial x} \tag{1}$$

设 C 是在流体平面上的闭曲线. 考虑流体速度沿 C 的切线分量的线积分

$$K=\int_C(V_x\cos\theta+V_y\sin\theta)ds=$$

$$\int_C V_x dx+V_y dy$$

K 叫做环流. 设 C 所围的区域为 D（图 3），由格林定理

$$K=\iint_D\left(\frac{\partial V_y}{\partial x}-\frac{\partial V_x}{\partial y}\right)d\sigma \tag{2}$$

令

$$\frac{\partial V_y}{\partial x}-\frac{\partial V_x}{\partial y}=2\omega$$

由

$$\mathrm{d}K=\left(\frac{\partial V_y}{\partial x}-\frac{\partial V_x}{\partial y}\right)\mathrm{d}\sigma$$

应用到半径为无限小的圆上

$$\mathrm{d}K=(2\omega)(\pi\varepsilon^2)=(2\pi\varepsilon)(\omega\varepsilon)$$

因 $2\pi\varepsilon$ 是长度，$\omega\varepsilon$ 必须是速度. 所以 ω 是流体的角速度，叫做涡流.

由式(2)，当且只当 $\omega=0$ 时，沿任一闭曲线的环流才为零：$K=0$. $\omega=0$ 的流动叫做无旋运动.

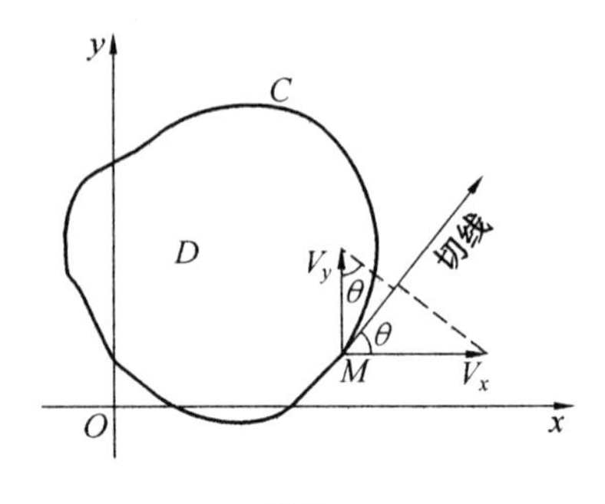

图 3

现在不考虑沿闭曲线的流动，而研究沿弧 P_0P 的流动. 设运动是无旋的，即 $\dfrac{\partial V_y}{\partial x}=\dfrac{\partial V_x}{\partial y}$，并设 P_0 为固定，则与线路无关的线积分

$$\int_{P_0}^{P} V_x\mathrm{d}x+V_y\mathrm{d}y$$

是点 P 的函数. 命这个函数为 Φ，这叫做速度势. 因此

$$V_x=\frac{\partial\Phi}{\partial x},\quad V_y=\frac{\partial\Phi}{\partial y}\tag{3}$$

如果流动是无源且无旋的，由式(1)与(3)，得

$$\begin{cases}\dfrac{\partial\Phi}{\partial x}=\dfrac{\partial\Psi}{\partial y}\\[2mm]\dfrac{\partial\Phi}{\partial y}=-\dfrac{\partial\Psi}{\partial x}\end{cases}\tag{4}$$

所以函数 Φ 与 Ψ 满足柯西一黎曼条件，从而也满足拉普拉斯方程. 因此

$$w=f(z)=\Phi+\mathrm{i}\Psi\tag{5}$$

是一个正则函数. 函数 $f(z)$ 叫做复势. 知流线 Ψ(=常数）和等势线 Φ(=常数）成正交.

反过来，如 $f(z)$ 是正则函数，则其实部和虚部分别是某一无源无旋运动的速度势和流函数.

流动的速度 V 是

$$V=V_x+\mathrm{i}V_y=\frac{\partial\Phi}{\partial x}+\mathrm{i}\,\frac{\partial\Phi}{\partial y}=\frac{\partial\Phi}{\partial x}-\mathrm{i}\,\frac{\partial\Psi}{\partial x}=$$

$$\overline{\frac{\partial\Phi}{\partial x}+\mathrm{i}\,\frac{\partial\Psi}{\partial x}}=\overline{f'(z)}\tag{6}$$

例 1 设 $w=Kz=K(x+\mathrm{i}y)$，其中 K 为正实数.

在此流线是平行于 x 轴的平行线 $y=$ 常数. 因 $\frac{\partial \Phi}{\partial x}=K, \frac{\partial \Phi}{\partial y}=0$，所以在每点的速度都是等于 K.

例 2 设 $w=Kz^2$，其中 K 是正实数.

因 $\Psi=2Kxy$，所以流线方程是 $xy=$ 常数. 这是一族正双曲线，以坐标轴为渐近线(图 4). 图中矢向表流动方向.

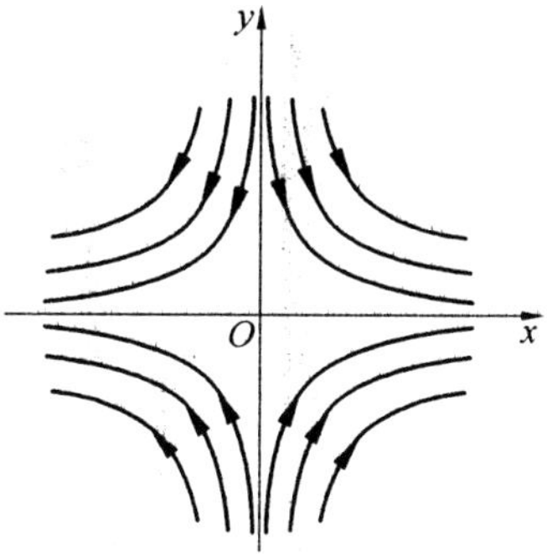

图 4

例 3 设

$$w=K\left(z+\frac{a^2}{z}\right)$$

其中 K, a 都是正实数.

在此流函数为

$$\Psi=K\left(y-\frac{a^2 y}{x^2+y^2}\right)$$

所以流线方程为

$$y-\frac{a^2 y}{x^2+y^2}=C(\text{常数})$$

当 $C=0$，得 $y=0$ 或 $x^2+y^2=a^2$. 所以 x 轴和圆 $x^2+y^2=a^2$ 都是流线. 由于我们假定流体是理想的，如我们放置一个垂直于 z 平面而半径为 a 的圆柱体于流体中间，则得围绕圆柱的流动. 流动的速度由式(6) 得

$$V=K\left(1-\frac{a^2}{z^2}\right)$$

在离圆柱很远的地方，我们有

$$V=\lim_{z \to \infty} K\left(1-\frac{a^2}{z^2}\right)=K$$

所以在离圆柱很远的地方，速度趋于定量，因而流动是等速(图 5).

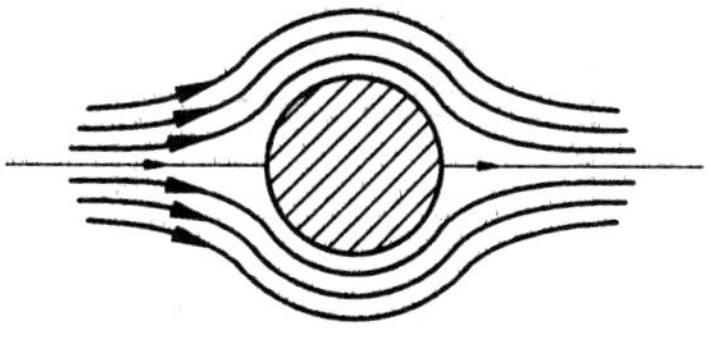

图 5

利用保形映射，我们可以从一个已知的流动推出无数个其他流动. 设 $f(z)=\Phi+\mathrm{i}\Psi$ 表示在 z 平面上的流体的复势，则其流线是 $\Psi=$ 常数. 引用保形变换

$$z=F(\zeta)$$

将 z 平面变换为 ζ 平面，$\zeta=\xi+\mathrm{i}\eta$，则

$$\Phi+\mathrm{i}\Psi=f(z)=f[F(\zeta)]=G(\zeta)$$

于是作为 ξ,η 的函数 Φ 和 Ψ，将是在 ζ 平面上的速度势和流函数.

二、在静电学的应用

假定电荷在平行于一个平面的所有平面上的分布情况都是相同的. 取一个平面为 z 平面，则电力场是二维的.

在 z 平面上一点 z 的电势 V 是 x,y 的实函数. 如在这一点没有电荷，则 V 满足拉普拉斯方程

$$\frac{\partial^2 v}{\partial x^2}+\frac{\partial^2 V}{\partial y^2}=0$$

因此我们可以求得一个正则函数 $f(z)$，以 V 为其虚部

$$w=f(z)=U+\mathrm{i}V$$

从而等势线 V(＝常数) 和力线 U(＝常数) 成正交.

在点 z，电力的分力是 $-\frac{\partial V}{\partial x},-\frac{\partial V}{\partial y}$，所以结果的强度是

$$R^2=\left(\frac{\partial V}{\partial x}\right)^2+\left(\frac{\partial V}{\partial y}\right)^2=\left(\frac{\partial U}{\partial x}\right)^2+\left(\frac{\partial V}{\partial x}\right)^2=\left|\frac{\mathrm{d}w}{\mathrm{d}z}\right|^2$$

应用保形变换 $z=F(\zeta)$，则 w 变换为在 ζ 平面的复势.

三、在热学上的应用

设在一个具有均匀导热率 k 的物体中，热在平行于 z 平面的所有平面上的分布相同，而且流动状态是定常的，即温度的分布与时间无关的. 若 θ 为在点 z 的温度，则在该点热沿 x 方向的流量为 $-k\frac{\partial\theta}{\partial y}$，而沿 y 方向的流量为 $-k\frac{\partial\theta}{\partial x}$. 假定在以 $\mathrm{d}x,\mathrm{d}y$ 为边，一个顶点在点 (x,y) 上的矩形中没有另外热源，则 θ 满足拉普拉斯方程

$$\frac{\partial^2\theta}{\partial x^2}+\frac{\partial^2\theta}{\partial y^2}=0$$

因此在热传导中存在着关系

$$f(z)=\Phi+\mathrm{i}\theta$$

Φ(＝常数) 是流线，θ(＝常数) 是等温线，两者互相正交.

技不压身，这年头干点啥都不容易！最后要说明的一点是复数域和实数

域既有联系又有区别.有一些结论在两个域中都成立,但有一些则未必.我们知道,在实数域内,柯西方程

$$f(x+y)=f(x)+f(y)$$

的连续函数解有且仅有

$$f(x)=f(1)x$$

但该结论在复数域内不成立.例如,对任意复数

$$z=x+\mathrm{i}y\in C$$

定义函数 $f(z)=x+y$,易知 $f(z)$ 在复平面上处处连续.

现任取

$$z_1=a+\mathrm{i}b,\quad z_2=c+\mathrm{i}d$$

则

$$f(z_1)=a+b$$

$$f(z_2)=c+d$$

$$z_1+z_2=(a+c)+\mathrm{i}(b+d)$$

$$f(z_1+z_2)=a+b+c+d$$

故

$$f(z_1+z_2)=f(z_1)+f(z_2)$$

即 $f(z)$ 是柯西方程的连续解.

但是

$$f(z)=x+y$$

$$f(1)=1$$

$$f(1)z=x+\mathrm{i}y\neq x+y=f(z)$$

所以,虚数有风险,类比需谨慎!

刘培杰

2015年4月20日

于哈工大

刘培杰数学工作室
已出版(即将出版)图书目录——初等数学

书　　名	出版时间	定　价	编号
新编中学数学解题方法全书(高中版)上卷(第2版)	2018—08	58.00	951
新编中学数学解题方法全书(高中版)中卷(第2版)	2018—08	68.00	952
新编中学数学解题方法全书(高中版)下卷(一)(第2版)	2018—08	58.00	953
新编中学数学解题方法全书(高中版)下卷(二)(第2版)	2018—08	58.00	954
新编中学数学解题方法全书(高中版)下卷(三)(第2版)	2018—08	68.00	955
新编中学数学解题方法全书(初中版)上卷	2008—01	28.00	29
新编中学数学解题方法全书(初中版)中卷	2010—07	38.00	75
新编中学数学解题方法全书(高考复习卷)	2010—01	48.00	67
新编中学数学解题方法全书(高考真题卷)	2010—01	38.00	62
新编中学数学解题方法全书(高考精华卷)	2011—03	68.00	118
新编平面解析几何解题方法全书(专题讲座卷)	2010—01	18.00	61
新编中学数学解题方法全书(自主招生卷)	2013—08	88.00	261
数学奥林匹克与数学文化(第一辑)	2006—05	48.00	4
数学奥林匹克与数学文化(第二辑)(竞赛卷)	2008—01	48.00	19
数学奥林匹克与数学文化(第二辑)(文化卷)	2008—07	58.00	36′
数学奥林匹克与数学文化(第三辑)(竞赛卷)	2010—01	48.00	59
数学奥林匹克与数学文化(第四辑)(竞赛卷)	2011—08	58.00	87
数学奥林匹克与数学文化(第五辑)	2015—06	98.00	370
世界著名平面几何经典著作钩沉——几何作图专题卷(上)	2009—06	48.00	49
世界著名平面几何经典著作钩沉——几何作图专题卷(下)	2011—01	88.00	80
世界著名平面几何经典著作钩沉(民国平面几何老课本)	2011—03	38.00	113
世界著名平面几何经典著作钩沉(建国初期平面三角老课本)	2015—08	38.00	507
世界著名解析几何经典著作钩沉——平面解析几何卷	2014—01	38.00	264
世界著名数论经典著作钩沉(算术卷)	2012—01	28.00	125
世界著名数学经典著作钩沉——立体几何卷	2011—02	28.00	88
世界著名三角学经典著作钩沉(平面三角卷Ⅰ)	2010—06	28.00	69
世界著名三角学经典著作钩沉(平面三角卷Ⅱ)	2011—01	38.00	78
世界著名初等数论经典著作钩沉(理论和实用算术卷)	2011—07	38.00	126
发展你的空间想象力(第2版)	2019—11	68.00	1117
空间想象力进阶	2019—05	68.00	1062
走向国际数学奥林匹克的平面几何试题诠释.第1卷	2019—07	88.00	1043
走向国际数学奥林匹克的平面几何试题诠释.第2卷	2019—09	78.00	1044
走向国际数学奥林匹克的平面几何试题诠释.第3卷	2019—03	78.00	1045
走向国际数学奥林匹克的平面几何试题诠释.第4卷	2019—09	98.00	1046
平面几何证明方法全书	2007—08	35.00	1
平面几何证明方法全书习题解答(第2版)	2006—12	18.00	10
平面几何天天练上卷·基础篇(直线型)	2013—01	58.00	208
平面几何天天练中卷·基础篇(涉及圆)	2013—01	28.00	234
平面几何天天练下卷·提高篇	2013—01	58.00	237
平面几何专题研究	2013—07	98.00	258

刘培杰数学工作室
已出版(即将出版)图书目录——初等数学

书　　名	出版时间	定　价	编号
最新世界各国数学奥林匹克中的平面几何试题	2007－09	38.00	14
数学竞赛平面几何典型题及新颖解	2010－07	48.00	74
初等数学复习及研究(平面几何)	2008－09	58.00	38
初等数学复习及研究(立体几何)	2010－06	38.00	71
初等数学复习及研究(平面几何)习题解答	2009－01	48.00	42
几何学教程(平面几何卷)	2011－03	68.00	90
几何学教程(立体几何卷)	2011－07	68.00	130
几何变换与几何证题	2010－06	88.00	70
计算方法与几何证题	2011－06	28.00	129
立体几何技巧与方法	2014－04	88.00	293
几何瑰宝——平面几何 500 名题暨 1000 条定理(上、下)	2010－07	138.00	76,77
三角形的解法与应用	2012－07	18.00	183
近代的三角形几何学	2012－07	48.00	184
一般折线几何学	2015－08	48.00	503
三角形的五心	2009－06	28.00	51
三角形的六心及其应用	2015－10	68.00	542
三角形趣谈	2012－08	28.00	212
解三角形	2014－01	28.00	265
三角学专门教程	2014－09	28.00	387
图天下几何新题试卷.初中(第 2 版)	2017－11	58.00	855
圆锥曲线习题集(上册)	2013－06	68.00	255
圆锥曲线习题集(中册)	2015－01	78.00	434
圆锥曲线习题集(下册・第 1 卷)	2016－10	78.00	683
圆锥曲线习题集(下册・第 2 卷)	2018－01	98.00	853
圆锥曲线习题集(下册・第 3 卷)	2019－10	128.00	1113
论九点圆	2015－05	88.00	645
近代欧氏几何学	2012－03	48.00	162
罗巴切夫斯基几何学及几何基础概要	2012－07	28.00	188
罗巴切夫斯基几何学初步	2015－06	28.00	474
用三角、解析几何、复数、向量计算解数学竞赛几何题	2015－03	48.00	455
美国中学几何教程	2015－04	88.00	458
三线坐标与三角形特征点	2015－04	98.00	460
平面解析几何方法与研究(第 1 卷)	2015－05	18.00	471
平面解析几何方法与研究(第 2 卷)	2015－06	18.00	472
平面解析几何方法与研究(第 3 卷)	2015－07	18.00	473
解析几何研究	2015－01	38.00	425
解析几何学教程.上	2016－01	38.00	574
解析几何学教程.下	2016－01	38.00	575
几何学基础	2016－01	58.00	581
初等几何研究	2015－02	58.00	444
十九和二十世纪欧氏几何学中的片段	2017－01	58.00	696
平面几何中考.高考.奥数一本通	2017－07	28.00	820
几何学简史	2017－08	28.00	833
四面体	2018－01	48.00	880
平面几何证明方法思路	2018－12	68.00	913
平面几何图形特性新析.上篇	2019－01	68.00	911
平面几何图形特性新析.下篇	2018－06	88.00	912
平面几何范例多解探究.上篇	2018－04	48.00	910
平面几何范例多解探究.下篇	2018－12	68.00	914
从分析解题过程学解题:竞赛中的几何问题研究	2018－07	68.00	946
从分析解题过程学解题:竞赛中的向量几何与不等式研究(全 2 册)	2019－06	138.00	1090
二维、三维欧氏几何的对偶原理	2018－12	38.00	990
星形大观及闭折线论	2019－03	68.00	1020
圆锥曲线之设点与设线	2019－05	60.00	1063
立体几何的问题和方法	2019－11	58.00	1127

刘培杰数学工作室

已出版(即将出版)图书目录——初等数学

书　　名	出版时间	定　价	编号
俄罗斯平面几何问题集	2009－08	88.00	55
俄罗斯立体几何问题集	2014－03	58.00	283
俄罗斯几何大师——沙雷金论数学及其他	2014－01	48.00	271
来自俄罗斯的 5000 道几何习题及解答	2011－03	58.00	89
俄罗斯初等数学问题集	2012－05	38.00	177
俄罗斯函数问题集	2011－03	38.00	103
俄罗斯组合分析问题集	2011－01	48.00	79
俄罗斯初等数学万题选——三角卷	2012－11	38.00	222
俄罗斯初等数学万题选——代数卷	2013－08	68.00	225
俄罗斯初等数学万题选——几何卷	2014－01	68.00	226
俄罗斯《量子》杂志数学征解问题 100 题选	2018－08	48.00	969
俄罗斯《量子》杂志数学征解问题又 100 题选	2018－08	48.00	970
463 个俄罗斯几何老问题	2012－01	28.00	152
《量子》数学短文精粹	2018－09	38.00	972
用三角、解析几何等计算解来自俄罗斯的几何题	2019－11	88.00	1119
谈谈素数	2011－03	18.00	91
平方和	2011－03	18.00	92
整数论	2011－05	38.00	120
从整数谈起	2015－10	28.00	538
数与多项式	2016－01	38.00	558
谈谈不定方程	2011－05	28.00	119
解析不等式新论	2009－06	68.00	48
建立不等式的方法	2011－03	98.00	104
数学奥林匹克不等式研究	2009－08	68.00	56
不等式研究(第二辑)	2012－02	68.00	153
不等式的秘密(第一卷)(第 2 版)	2014－02	38.00	286
不等式的秘密(第二卷)	2014－01	38.00	268
初等不等式的证明方法	2010－06	38.00	123
初等不等式的证明方法(第二版)	2014－11	38.00	407
不等式・理论・方法(基础卷)	2015－07	38.00	496
不等式・理论・方法(经典不等式卷)	2015－07	38.00	497
不等式・理论・方法(特殊类型不等式卷)	2015－07	48.00	498
不等式探究	2016－03	38.00	582
不等式探秘	2017－01	88.00	689
四面体不等式	2017－01	68.00	715
数学奥林匹克中常见重要不等式	2017－09	38.00	845
三正弦不等式	2018－09	98.00	974
函数方程与不等式:解法与稳定性结果	2019－04	68.00	1058
同余理论	2012－05	38.00	163
[x]与{x}	2015－04	48.00	476
极值与最值.上卷	2015－06	28.00	486
极值与最值.中卷	2015－06	38.00	487
极值与最值.下卷	2015－06	28.00	488
整数的性质	2012－11	38.00	192
完全平方数及其应用	2015－08	78.00	506
多项式理论	2015－10	88.00	541
奇数、偶数、奇偶分析法	2018－01	98.00	876
不定方程及其应用.上	2018－12	58.00	992
不定方程及其应用.中	2019－01	78.00	993
不定方程及其应用.下	2019－02	98.00	994

刘培杰数学工作室

已出版(即将出版)图书目录——初等数学

书　　名	出版时间	定　价	编号
历届美国中学生数学竞赛试题及解答(第一卷)1950—1954	2014—07	18.00	277
历届美国中学生数学竞赛试题及解答(第二卷)1955—1959	2014—04	18.00	278
历届美国中学生数学竞赛试题及解答(第三卷)1960—1964	2014—06	18.00	279
历届美国中学生数学竞赛试题及解答(第四卷)1965—1969	2014—04	28.00	280
历届美国中学生数学竞赛试题及解答(第五卷)1970—1972	2014—06	18.00	281
历届美国中学生数学竞赛试题及解答(第六卷)1973—1980	2017—07	18.00	768
历届美国中学生数学竞赛试题及解答(第七卷)1981—1986	2015—01	18.00	424
历届美国中学生数学竞赛试题及解答(第八卷)1987—1990	2017—05	18.00	769
历届中国数学奥林匹克试题集(第2版)	2017—03	38.00	757
历届加拿大数学奥林匹克试题集	2012—08	38.00	215
历届美国数学奥林匹克试题集:多解推广加强(第2版)	2016—03	48.00	592
历届波兰数学竞赛试题集.第1卷,1949~1963	2015—03	18.00	453
历届波兰数学竞赛试题集.第2卷,1964~1976	2015—03	18.00	454
历届巴尔干数学奥林匹克试题集	2015—05	38.00	466
保加利亚数学奥林匹克	2014—10	38.00	393
圣彼得堡数学奥林匹克试题集	2015—01	38.00	429
匈牙利奥林匹克数学竞赛题解.第1卷	2016—05	28.00	593
匈牙利奥林匹克数学竞赛题解.第2卷	2016—05	28.00	594
历届美国数学邀请赛试题集(第2版)	2017—10	78.00	851
全国高中数学竞赛试题及解答.第1卷	2014—07	38.00	331
普林斯顿大学数学竞赛	2016—06	38.00	669
亚太地区数学奥林匹克竞赛题	2015—07	18.00	492
日本历届(初级)广中杯数学竞赛试题及解答.第1卷(2000~2007)	2016—05	28.00	641
日本历届(初级)广中杯数学竞赛试题及解答.第2卷(2008~2015)	2016—05	38.00	642
360个数学竞赛问题	2016—08	58.00	677
奥数最佳实战题.上卷	2017—06	38.00	760
奥数最佳实战题.下卷	2017—05	58.00	761
哈尔滨市早期中学数学竞赛试题汇编	2016—07	28.00	672
全国高中数学联赛试题及解答:1981—2017(第2版)	2018—05	98.00	920
20世纪50年代全国部分城市数学竞赛试题汇编	2017—07	28.00	797
国内外数学竞赛题及精解:2017~2018	2019—06	45.00	1092
许康华竞赛优学精选集.第一辑	2018—08	68.00	949
天问叶班数学问题征解100题.Ⅰ,2016—2018	2019—05	88.00	1075
美国初中数学竞赛:AMC8准备(共6卷)	2019—07	138.00	1089
美国高中数学竞赛:AMC10准备(共6卷)	2019—08	158.00	1105
高考数学临门一脚(含密押三套卷)(理科版)	2017—01	45.00	743
高考数学临门一脚(含密押三套卷)(文科版)	2017—01	45.00	744
新课标高考数学题型全归纳(文科版)	2015—05	72.00	467
新课标高考数学题型全归纳(理科版)	2015—05	82.00	468
洞穿高考数学解答题核心考点(理科版)	2015—11	49.80	550
洞穿高考数学解答题核心考点(文科版)	2015—11	46.80	551

刘培杰数学工作室
已出版(即将出版)图书目录——初等数学

书　　名	出版时间	定　价	编号
高考数学题型全归纳:文科版.上	2016－05	53.00	663
高考数学题型全归纳:文科版.下	2016－05	53.00	664
高考数学题型全归纳:理科版.上	2016－05	58.00	665
高考数学题型全归纳:理科版.下	2016－05	58.00	666
王连笑教你怎样学数学:高考选择题解题策略与客观题实用训练	2014－01	48.00	262
王连笑教你怎样学数学:高考数学高层次讲座	2015－02	48.00	432
高考数学的理论与实践	2009－08	38.00	53
高考数学核心题型解题方法与技巧	2010－01	28.00	86
高考思维新平台	2014－03	38.00	259
30 分钟拿下高考数学选择题、填空题(理科版)	2016－10	39.80	720
30 分钟拿下高考数学选择题、填空题(文科版)	2016－10	39.80	721
高考数学压轴题解题诀窍(上)(第 2 版)	2018－01	58.00	874
高考数学压轴题解题诀窍(下)(第 2 版)	2018－01	48.00	875
北京市五区文科数学三年高考模拟题详解:2013～2015	2015－08	48.00	500
北京市五区理科数学三年高考模拟题详解:2013～2015	2015－09	68.00	505
向量法巧解数学高考题	2009－08	28.00	54
高考数学解题金典(第 2 版)	2017－01	78.00	716
高考物理解题金典(第 2 版)	2019－05	68.00	717
高考化学解题金典(第 2 版)	2019－05	58.00	718
我一定要赚分:高中物理	2016－01	38.00	580
数学高考参考	2016－01	78.00	589
2011～2015 年全国及各省市高考数学文科精品试题审题要津与解法研究	2015－10	68.00	539
2011～2015 年全国及各省市高考数学理科精品试题审题要津与解法研究	2015－10	88.00	540
最新全国及各省市高考数学试卷解法研究及点拨评析	2009－02	38.00	41
2011 年全国及各省市高考数学试题审题要津与解法研究	2011－10	48.00	139
2013 年全国及各省市高考数学试题解析与点评	2014－01	48.00	282
全国及各省市高考数学试题审题要津与解法研究	2015－02	48.00	450
高中数学章节起始课的教学研究与案例设计	2019－05	28.00	1064
新课标高考数学——五年试题分章详解(2007～2011)(上、下)	2011－10	78.00	140,141
全国中考数学压轴题审题要津与解法研究	2013－04	78.00	248
新编全国及各省市中考数学压轴题审题要津与解法研究	2014－05	58.00	342
全国及各省市 5 年中考数学压轴题审题要津与解法研究(2015 版)	2015－04	58.00	462
中考数学专题总复习	2007－04	28.00	6
中考数学较难题常考题型解题方法与技巧	2016－09	48.00	681
中考数学难题常考题型解题方法与技巧	2016－09	48.00	682
中考数学中档题常考题型解题方法与技巧	2017－08	68.00	835
中考数学选择填空压轴好题妙解 365	2017－05	38.00	759
中小学数学的历史文化	2019－11	48.00	1124
初中平面几何百题多思创新解	2020－01	58.00	1125
初中数学中考备考	2020－01	58.00	1126
高考数学之九章演义	2019－08	68.00	1044
化学可以这样学:高中化学知识方法智慧感悟疑难辨析	2019－07	58.00	1103
如何成为学习高手	2019－09	58.00	1107

刘培杰数学工作室
已出版(即将出版)图书目录——初等数学

书　　名	出版时间	定　价	编号
中考数学小压轴汇编初讲	2017—07	48.00	788
中考数学大压轴专题微言	2017—09	48.00	846
怎么解中考平面几何探索题	2019—06	48.00	1093
北京中考数学压轴题解题方法突破(第5版)	2020—01	58.00	1120
助你高考成功的数学解题智慧:知识是智慧的基础	2016—01	58.00	596
助你高考成功的数学解题智慧:错误是智慧的试金石	2016—04	58.00	643
助你高考成功的数学解题智慧:方法是智慧的推手	2016—04	68.00	657
高考数学奇思妙解	2016—04	38.00	610
高考数学解题策略	2016—05	48.00	670
数学解题泄天机(第2版)	2017—10	48.00	850
高考物理压轴题全解	2017—04	48.00	746
高中物理经典问题25讲	2017—05	28.00	764
高中物理教学讲义	2018—01	48.00	871
2016年高考文科数学真题研究	2017—04	58.00	754
2016年高考理科数学真题研究	2017—04	78.00	755
2017年高考理科数学真题研究	2018—01	58.00	867
2017年高考文科数学真题研究	2018—01	48.00	868
初中数学、高中数学脱节知识补缺教材	2017—06	48.00	766
高考数学小题抢分必练	2017—10	48.00	834
高考数学核心素养解读	2017—09	38.00	839
高考数学客观题解题方法和技巧	2017—10	38.00	847
十年高考数学精品试题审题要津与解法研究.上卷	2018—01	68.00	872
十年高考数学精品试题审题要津与解法研究.下卷	2018—01	58.00	873
中国历届高考数学试题及解答.1949—1979	2018—01	38.00	877
历届中国高考数学试题及解答.第二卷,1980—1989	2018—10	28.00	975
历届中国高考数学试题及解答.第三卷,1990—1999	2018—10	48.00	976
数学文化与高考研究	2018—03	48.00	882
跟我学解高中数学题	2018—07	58.00	926
中学数学研究的方法及案例	2018—05	58.00	869
高考数学抢分技能	2018—07	68.00	934
高一新生常用数学方法和重要数学思想提升教材	2018—06	38.00	921
2018年高考数学真题研究	2019—01	68.00	1000
高考数学全国卷16道选择、填空题常考题型解题诀窍.理科	2018—09	88.00	971
高考数学全国卷16道选择、填空题常考题型解题诀窍.文科	2020—01	88.00	1123
高中数学一题多解	2019—06	58.00	1087
新编640个世界著名数学智力趣题	2014—01	88.00	242
500个最新世界著名数学智力趣题	2008—06	48.00	3
400个最新世界著名数学最值问题	2008—09	48.00	36
500个世界著名数学征解问题	2009—06	48.00	52
400个中国最佳初等数学征解老问题	2010—01	48.00	60
500个俄罗斯数学经典老题	2011—01	28.00	81
1000个国外中学物理好题	2012—04	48.00	174
300个日本高考数学题	2012—05	38.00	142
700个早期日本高考数学试题	2017—02	88.00	752
500个前苏联早期高考数学试题及解答	2012—05	28.00	185
546个早期俄罗斯大学生数学竞赛题	2014—03	38.00	285
548个来自美苏的数学好问题	2014—11	28.00	396
20所苏联著名大学早期入学试题	2015—02	18.00	452
161道德国工科大学生必做的微分方程习题	2015—05	28.00	469
500个德国工科大学生必做的高数习题	2015—06	28.00	478
360个数学竞赛问题	2016—08	58.00	677
200个趣味数学故事	2018—02	48.00	857
470个数学奥林匹克中的最值问题	2018—10	88.00	985
德国讲义日本考题.微积分卷	2015—04	48.00	456
德国讲义日本考题.微分方程卷	2015—04	38.00	457
二十世纪中叶中、英、美、日、法、俄高考数学试题精选	2017—06	38.00	783

刘培杰数学工作室
已出版(即将出版)图书目录——初等数学

书　　名	出版时间	定　价	编号
中国初等数学研究　2009 卷(第 1 辑)	2009－05	20.00	45
中国初等数学研究　2010 卷(第 2 辑)	2010－05	30.00	68
中国初等数学研究　2011 卷(第 3 辑)	2011－07	60.00	127
中国初等数学研究　2012 卷(第 4 辑)	2012－07	48.00	190
中国初等数学研究　2014 卷(第 5 辑)	2014－02	48.00	288
中国初等数学研究　2015 卷(第 6 辑)	2015－06	68.00	493
中国初等数学研究　2016 卷(第 7 辑)	2016－04	68.00	609
中国初等数学研究　2017 卷(第 8 辑)	2017－01	98.00	712
初等数学研究在中国.第 1 辑	2019－03	158.00	1024
初等数学研究在中国.第 2 辑	2019－10	158.00	1116
几何变换(Ⅰ)	2014－07	28.00	353
几何变换(Ⅱ)	2015－06	28.00	354
几何变换(Ⅲ)	2015－01	38.00	355
几何变换(Ⅳ)	2015－12	38.00	356
初等数论难题集(第一卷)	2009－05	68.00	44
初等数论难题集(第二卷)(上、下)	2011－02	128.00	82,83
数论概貌	2011－03	18.00	93
代数数论(第二版)	2013－08	58.00	94
代数多项式	2014－06	38.00	289
初等数论的知识与问题	2011－02	28.00	95
超越数论基础	2011－03	28.00	96
数论初等教程	2011－03	28.00	97
数论基础	2011－03	18.00	98
数论基础与维诺格拉多夫	2014－03	18.00	292
解析数论基础	2012－08	28.00	216
解析数论基础(第二版)	2014－01	48.00	287
解析数论问题集(第二版)(原版引进)	2014－05	88.00	343
解析数论问题集(第二版)(中译本)	2016－04	88.00	607
解析数论基础(潘承洞,潘承彪著)	2016－07	98.00	673
解析数论导引	2016－07	58.00	674
数论入门	2011－03	38.00	99
代数数论入门	2015－03	38.00	448
数论开篇	2012－07	28.00	194
解析数论引论	2011－03	48.00	100
Barban Davenport Halberstam 均值和	2009－01	40.00	33
基础数论	2011－03	28.00	101
初等数论 100 例	2011－05	18.00	122
初等数论经典例题	2012－07	18.00	204
最新世界各国数学奥林匹克中的初等数论试题(上、下)	2012－01	138.00	144,145
初等数论(Ⅰ)	2012－01	18.00	156
初等数论(Ⅱ)	2012－01	18.00	157
初等数论(Ⅲ)	2012－01	28.00	158

刘培杰数学工作室

已出版(即将出版)图书目录——初等数学

书　　名	出版时间	定　价	编号
平面几何与数论中未解决的新老问题	2013－01	68.00	229
代数数论简史	2014－11	28.00	408
代数数论	2015－09	88.00	532
代数、数论及分析习题集	2016－11	98.00	695
数论导引提要及习题解答	2016－01	48.00	559
素数定理的初等证明. 第 2 版	2016－09	48.00	686
数论中的模函数与狄利克雷级数(第二版)	2017－11	78.00	837
数论:数学导引	2018－01	68.00	849
范氏大代数	2019－02	98.00	1016
解析数学讲义. 第一卷,导来式及微分、积分、级数	2019－04	88.00	1021
解析数学讲义. 第二卷,关于几何的应用	2019－04	68.00	1022
解析数学讲义. 第三卷,解析函数论	2019－04	78.00	1023
分析·组合·数论纵横谈	2019－04	58.00	1039
Hall 代数:民国时期的中学数学课本:英文	2019－08	88.00	1106
数学精神巡礼	2019－01	58.00	731
数学眼光透视(第 2 版)	2017－06	78.00	732
数学思想领悟(第 2 版)	2018－01	68.00	733
数学方法溯源(第 2 版)	2018－08	68.00	734
数学解题引论	2017－05	58.00	735
数学史话览胜(第 2 版)	2017－01	48.00	736
数学应用展观(第 2 版)	2017－08	68.00	737
数学建模尝试	2018－04	48.00	738
数学竞赛采风	2018－01	68.00	739
数学测评探营	2019－05	58.00	740
数学技能操握	2018－03	48.00	741
数学欣赏拾趣	2018－02	48.00	742
从毕达哥拉斯到怀尔斯	2007－10	48.00	9
从迪利克雷到维斯卡尔迪	2008－01	48.00	21
从哥德巴赫到陈景润	2008－05	98.00	35
从庞加莱到佩雷尔曼	2011－08	138.00	136
博弈论精粹	2008－03	58.00	30
博弈论精粹. 第二版(精装)	2015－01	88.00	461
数学 我爱你	2008－01	28.00	20
精神的圣徒　别样的人生——60 位中国数学家成长的历程	2008－09	48.00	39
数学史概论	2009－06	78.00	50
数学史概论(精装)	2013－03	158.00	272
数学史选讲	2016－01	48.00	544
斐波那契数列	2010－02	28.00	65
数学拼盘和斐波那契魔方	2010－07	38.00	72
斐波那契数列欣赏(第 2 版)	2018－08	58.00	948
Fibonacci 数列中的明珠	2018－06	58.00	928
数学的创造	2011－02	48.00	85
数学美与创造力	2016－01	48.00	595
数海拾贝	2016－01	48.00	590
数学中的美(第 2 版)	2019－04	68.00	1057
数论中的美学	2014－12	38.00	351

刘培杰数学工作室

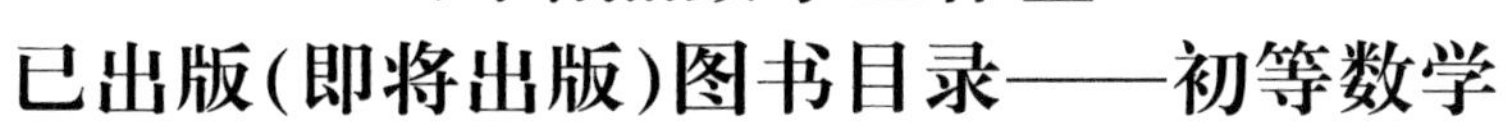

已出版(即将出版)图书目录——初等数学

书　　名	出版时间	定　价	编号
数学王者　科学巨人——高斯	2015－01	28.00	428
振兴祖国数学的圆梦之旅:中国初等数学研究史话	2015－06	98.00	490
二十世纪中国数学史料研究	2015－10	48.00	536
数字谜、数阵图与棋盘覆盖	2016－01	58.00	298
时间的形状	2016－01	38.00	556
数学发现的艺术:数学探索中的合情推理	2016－07	58.00	671
活跃在数学中的参数	2016－07	48.00	675
数学解题——靠数学思想给力(上)	2011－07	38.00	131
数学解题——靠数学思想给力(中)	2011－07	48.00	132
数学解题——靠数学思想给力(下)	2011－07	38.00	133
我怎样解题	2013－01	48.00	227
数学解题中的物理方法	2011－06	28.00	114
数学解题的特殊方法	2011－06	48.00	115
中学数学计算技巧	2012－01	48.00	116
中学数学证明方法	2012－01	58.00	117
数学趣题巧解	2012－03	28.00	128
高中数学教学通鉴	2015－05	58.00	479
和高中生漫谈:数学与哲学的故事	2014－08	28.00	369
算术问题集	2017－03	38.00	789
张教授讲数学	2018－07	38.00	933
自主招生考试中的参数方程问题	2015－01	28.00	435
自主招生考试中的极坐标问题	2015－04	28.00	463
近年全国重点大学自主招生数学试题全解及研究.华约卷	2015－02	38.00	441
近年全国重点大学自主招生数学试题全解及研究.北约卷	2016－05	38.00	619
自主招生数学解证宝典	2015－09	48.00	535
格点和面积	2012－07	18.00	191
射影几何趣谈	2012－04	28.00	175
斯潘纳尔引理——从一道加拿大数学奥林匹克试题谈起	2014－01	28.00	228
李普希兹条件——从几道近年高考数学试题谈起	2012－10	18.00	221
拉格朗日中值定理——从一道北京高考试题的解法谈起	2015－10	18.00	197
闵科夫斯基定理——从一道清华大学自主招生试题谈起	2014－01	28.00	198
哈尔测度——从一道冬令营试题的背景谈起	2012－08	28.00	202
切比雪夫逼近问题——从一道中国台北数学奥林匹克试题谈起	2013－04	38.00	238
伯恩斯坦多项式与贝齐尔曲面——从一道全国高中数学联赛试题谈起	2013－03	38.00	236
卡塔兰猜想——从一道普特南竞赛试题谈起	2013－06	18.00	256
麦卡锡函数和阿克曼函数——从一道前南斯拉夫数学奥林匹克试题谈起	2012－08	18.00	201
贝蒂定理与拉姆贝克莫斯尔定理——从一个拣石子游戏谈起	2012－08	18.00	217
皮亚诺曲线和豪斯道夫分球定理——从无限集谈起	2012－08	18.00	211
平面凸图形与凸多面体	2012－10	28.00	218
斯坦因豪斯问题——从一道二十五省市自治区中学数学竞赛试题谈起	2012－07	18.00	196

刘培杰数学工作室
已出版(即将出版)图书目录——初等数学

书　　名	出版时间	定　价	编号
纽结理论中的亚历山大多项式与琼斯多项式——从一道北京市高一数学竞赛试题谈起	2012－07	28.00	195
原则与策略——从波利亚"解题表"谈起	2013－04	38.00	244
转化与化归——从三大尺规作图不能问题谈起	2012－08	28.00	214
代数几何中的贝祖定理(第一版)——从一道 IMO 试题的解法谈起	2013－08	18.00	193
成功连贯理论与约当块理论——从一道比利时数学竞赛试题谈起	2012－04	18.00	180
素数判定与大数分解	2014－08	18.00	199
置换多项式及其应用	2012－10	18.00	220
椭圆函数与模函数——从一道美国加州大学洛杉矶分校(UCLA)博士资格考题谈起	2012－10	28.00	219
差分方程的拉格朗日方法——从一道 2011 年全国高考理科试题的解法谈起	2012－08	28.00	200
力学在几何中的一些应用	2013－01	38.00	240
从根式解到伽罗华理论	2020－01	48.00	1121
康托洛维奇不等式——从一道全国高中联赛试题谈起	2013－03	28.00	337
西格尔引理——从一道第 18 届 IMO 试题的解法谈起	即将出版		
罗斯定理——从一道前苏联数学竞赛试题谈起	即将出版		
拉克斯定理和阿廷定理——从一道 IMO 试题的解法谈起	2014－01	58.00	246
毕卡大定理——从一道美国大学数学竞赛试题谈起	2014－07	18.00	350
贝齐尔曲线——从一道全国高中联赛试题谈起	即将出版		
拉格朗日乘子定理——从一道 2005 年全国高中联赛试题的高等数学解法谈起	2015－05	28.00	480
雅可比定理——从一道日本数学奥林匹克试题谈起	2013－04	48.00	249
李天岩－约克定理——从一道波兰数学竞赛试题谈起	2014－06	28.00	349
整系数多项式因式分解的一般方法——从克朗耐克算法谈起	即将出版		
布劳维不动点定理——从一道前苏联数学奥林匹克试题谈起	2014－01	38.00	273
伯恩赛德定理——从一道英国数学奥林匹克试题谈起	即将出版		
布查特－莫斯特定理——从一道上海市初中竞赛试题谈起	即将出版		
数论中的同余数问题——从一道普特南竞赛试题谈起	即将出版		
范·德蒙行列式——从一道美国数学奥林匹克试题谈起	即将出版		
中国剩余定理:总数法构建中国历史年表	2015－01	28.00	430
牛顿程序与方程求根——从一道全国高考试题解法谈起	即将出版		
库默尔定理——从一道 IMO 预选试题谈起	即将出版		
卢丁定理——从一道冬令营试题的解法谈起	即将出版		
沃斯滕霍姆定理——从一道 IMO 预选试题谈起	即将出版		
卡尔松不等式——从一道莫斯科数学奥林匹克试题谈起	即将出版		
信息论中的香农熵——从一道近年高考压轴题谈起	即将出版		
约当不等式——从一道希望杯竞赛试题谈起	即将出版		
拉比诺维奇定理	即将出版		
刘维尔定理——从一道《美国数学月刊》征解问题的解法谈起	即将出版		
卡塔兰恒等式与级数求和——从一道 IMO 试题的解法谈起	即将出版		
勒让德猜想与素数分布——从一道爱尔兰竞赛试题谈起	即将出版		
天平称重与信息论——从一道基辅市数学奥林匹克试题谈起	即将出版		
哈密尔顿－凯莱定理:从一道高中数学联赛试题的解法谈起	2014－09	18.00	376
艾思特曼定理——从一道 CMO 试题的解法谈起	即将出版		

刘培杰数学工作室
已出版(即将出版)图书目录——初等数学

书　　名	出版时间	定　价	编号
阿贝尔恒等式与经典不等式及应用	2018－06	98.00	923
迪利克雷除数问题	2018－07	48.00	930
幻方、幻立方与拉丁方	2019－08	48.00	1092
帕斯卡三角形	2014－03	18.00	294
蒲丰投针问题——从 2009 年清华大学的一道自主招生试题谈起	2014－01	38.00	295
斯图姆定理——从一道“华约”自主招生试题的解法谈起	2014－01	18.00	296
许瓦兹引理——从一道加利福尼亚大学伯克利分校数学系博士生试题谈起	2014－08	18.00	297
拉姆塞定理——从王诗宬院士的一个问题谈起	2016－04	48.00	299
坐标法	2013－12	28.00	332
数论三角形	2014－04	38.00	341
毕克定理	2014－07	18.00	352
数林掠影	2014－09	48.00	389
我们周围的概率	2014－10	38.00	390
凸函数最值定理:从一道华约自主招生题的解法谈起	2014－10	28.00	391
易学与数学奥林匹克	2014－10	38.00	392
生物数学趣谈	2015－01	18.00	409
反演	2015－01	28.00	420
因式分解与圆锥曲线	2015－01	18.00	426
轨迹	2015－01	28.00	427
面积原理:从常庚哲命的一道 CMO 试题的积分解法谈起	2015－01	48.00	431
形形色色的不动点定理:从一道 28 届 IMO 试题谈起	2015－01	38.00	439
柯西函数方程:从一道上海交大自主招生的试题谈起	2015－02	28.00	440
三角恒等式	2015－02	28.00	442
无理性判定:从一道 2014 年“北约”自主招生试题谈起	2015－01	38.00	443
数学归纳法	2015－03	18.00	451
极端原理与解题	2015－04	28.00	464
法雷级数	2014－08	18.00	367
摆线族	2015－01	38.00	438
函数方程及其解法	2015－05	38.00	470
含参数的方程和不等式	2012－09	28.00	213
希尔伯特第十问题	2016－01	38.00	543
无穷小量的求和	2016－01	28.00	545
切比雪夫多项式:从一道清华大学金秋营试题谈起	2016－01	38.00	583
泽肯多夫定理	2016－03	38.00	599
代数等式证题法	2016－01	28.00	600
三角等式证题法	2016－01	28.00	601
吴大任教授藏书中的一个因式分解公式:从一道美国数学邀请赛试题的解法谈起	2016－06	28.00	656
易卦——类万物的数学模型	2017－08	68.00	838
“不可思议”的数与数系可持续发展	2018－01	38.00	878
最短线	2018－01	38.00	879
幻方和魔方(第一卷)	2012－05	68.00	173
尘封的经典——初等数学经典文献选读(第一卷)	2012－07	48.00	205
尘封的经典——初等数学经典文献选读(第二卷)	2012－07	38.00	206
初级方程式论	2011－03	28.00	106
初等数学研究(Ⅰ)	2008－09	68.00	37
初等数学研究(Ⅱ)(上、下)	2009－05	118.00	46,47

刘培杰数学工作室
已出版(即将出版)图书目录——初等数学

书　　名	出版时间	定　价	编号
趣味初等方程妙题集锦	2014—09	48.00	388
趣味初等数论选美与欣赏	2015—02	48.00	445
耕读笔记(上卷):一位农民数学爱好者的初数探索	2015—04	28.00	459
耕读笔记(中卷):一位农民数学爱好者的初数探索	2015—05	28.00	483
耕读笔记(下卷):一位农民数学爱好者的初数探索	2015—05	28.00	484
几何不等式研究与欣赏.上卷	2016—01	88.00	547
几何不等式研究与欣赏.下卷	2016—01	48.00	552
初等数列研究与欣赏·上	2016—01	48.00	570
初等数列研究与欣赏·下	2016—01	48.00	571
趣味初等函数研究与欣赏.上	2016—09	48.00	684
趣味初等函数研究与欣赏.下	2018—09	48.00	685
火柴游戏	2016—05	38.00	612
智力解谜.第1卷	2017—07	38.00	613
智力解谜.第2卷	2017—07	38.00	614
故事智力	2016—07	48.00	615
名人们喜欢的智力问题	2020—01	48.00	616
数学大师的发现、创造与失误	2018—01	48.00	617
异曲同工	2018—09	48.00	618
数学的味道	2018—01	58.00	798
数学千字文	2018—10	68.00	977
数贝偶拾——高考数学题研究	2014—04	28.00	274
数贝偶拾——初等数学研究	2014—04	38.00	275
数贝偶拾——奥数题研究	2014—04	48.00	276
钱昌本教你快乐学数学(上)	2011—12	48.00	155
钱昌本教你快乐学数学(下)	2012—03	58.00	171
集合、函数与方程	2014—01	28.00	300
数列与不等式	2014—01	38.00	301
三角与平面向量	2014—01	28.00	302
平面解析几何	2014—01	38.00	303
立体几何与组合	2014—01	28.00	304
极限与导数、数学归纳法	2014—01	38.00	305
趣味数学	2014—03	28.00	306
教材教法	2014—04	68.00	307
自主招生	2014—05	58.00	308
高考压轴题(上)	2015—01	48.00	309
高考压轴题(下)	2014—10	68.00	310
从费马到怀尔斯——费马大定理的历史	2013—10	198.00	Ⅰ
从庞加莱到佩雷尔曼——庞加莱猜想的历史	2013—10	298.00	Ⅱ
从切比雪夫到爱尔特希(上)——素数定理的初等证明	2013—07	48.00	Ⅲ
从切比雪夫到爱尔特希(下)——素数定理100年	2012—12	98.00	Ⅲ
从高斯到盖尔方特——二次域的高斯猜想	2013—10	198.00	Ⅳ
从库默尔到朗兰兹——朗兰兹猜想的历史	2014—01	98.00	Ⅴ
从比勃巴赫到德布朗斯——比勃巴赫猜想的历史	2014—02	298.00	Ⅵ
从麦比乌斯到陈省身——麦比乌斯变换与麦比乌斯带	2014—02	298.00	Ⅶ
从布尔到豪斯道夫——布尔方程与格论漫谈	2013—10	198.00	Ⅷ
从开普勒到阿诺德——三体问题的历史	2014—05	298.00	Ⅸ
从华林到华罗庚——华林问题的历史	2013—10	298.00	Ⅹ

刘培杰数学工作室
已出版(即将出版)图书目录——初等数学

书　　名	出版时间	定　价	编号
美国高中数学竞赛五十讲.第1卷(英文)	2014-08	28.00	357
美国高中数学竞赛五十讲.第2卷(英文)	2014-08	28.00	358
美国高中数学竞赛五十讲.第3卷(英文)	2014-09	28.00	359
美国高中数学竞赛五十讲.第4卷(英文)	2014-09	28.00	360
美国高中数学竞赛五十讲.第5卷(英文)	2014-10	28.00	361
美国高中数学竞赛五十讲.第6卷(英文)	2014-11	28.00	362
美国高中数学竞赛五十讲.第7卷(英文)	2014-12	28.00	363
美国高中数学竞赛五十讲.第8卷(英文)	2015-01	28.00	364
美国高中数学竞赛五十讲.第9卷(英文)	2015-01	28.00	365
美国高中数学竞赛五十讲.第10卷(英文)	2015-02	38.00	366
三角函数(第2版)	2017-04	38.00	626
不等式	2014-01	38.00	312
数列	2014-01	38.00	313
方程(第2版)	2017-04	38.00	624
排列和组合	2014-01	28.00	315
极限与导数(第2版)	2016-04	38.00	635
向量(第2版)	2018-08	58.00	627
复数及其应用	2014-08	28.00	318
函数	2014-01	38.00	319
集合	2020-01	48.00	320
直线与平面	2014-01	28.00	321
立体几何(第2版)	2016-04	38.00	629
解三角形	即将出版		323
直线与圆(第2版)	2016-11	38.00	631
圆锥曲线(第2版)	2016-09	48.00	632
解题通法(一)	2014-07	38.00	326
解题通法(二)	2014-07	38.00	327
解题通法(三)	2014-05	38.00	328
概率与统计	2014-01	28.00	329
信息迁移与算法	即将出版		330
IMO 50年.第1卷(1959-1963)	2014-11	28.00	377
IMO 50年.第2卷(1964-1968)	2014-11	28.00	378
IMO 50年.第3卷(1969-1973)	2014-09	28.00	379
IMO 50年.第4卷(1974-1978)	2016-04	38.00	380
IMO 50年.第5卷(1979-1984)	2015-04	38.00	381
IMO 50年.第6卷(1985-1989)	2015-04	58.00	382
IMO 50年.第7卷(1990-1994)	2016-01	48.00	383
IMO 50年.第8卷(1995-1999)	2016-06	38.00	384
IMO 50年.第9卷(2000-2004)	2015-04	58.00	385
IMO 50年.第10卷(2005-2009)	2016-01	48.00	386
IMO 50年.第11卷(2010-2015)	2017-03	48.00	646

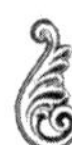

刘培杰数学工作室
已出版(即将出版)图书目录——初等数学

书　　名	出版时间	定　价	编号
数学反思(2006—2007)	即将出版		915
数学反思(2008—2009)	2019—01	68.00	917
数学反思(2010—2011)	2018—05	58.00	916
数学反思(2012—2013)	2019—01	58.00	918
数学反思(2014—2015)	2019—03	78.00	919
历届美国大学生数学竞赛试题集.第一卷(1938—1949)	2015—01	28.00	397
历届美国大学生数学竞赛试题集.第二卷(1950—1959)	2015—01	28.00	398
历届美国大学生数学竞赛试题集.第三卷(1960—1969)	2015—01	28.00	399
历届美国大学生数学竞赛试题集.第四卷(1970—1979)	2015—01	18.00	400
历届美国大学生数学竞赛试题集.第五卷(1980—1989)	2015—01	28.00	401
历届美国大学生数学竞赛试题集.第六卷(1990—1999)	2015—01	28.00	402
历届美国大学生数学竞赛试题集.第七卷(2000—2009)	2015—08	18.00	403
历届美国大学生数学竞赛试题集.第八卷(2010—2012)	2015—01	18.00	404
新课标高考数学创新题解题诀窍:总论	2014—09	28.00	372
新课标高考数学创新题解题诀窍:必修 1～5 分册	2014—08	38.00	373
新课标高考数学创新题解题诀窍:选修 2—1,2—2,1—1,1—2分册	2014—09	38.00	374
新课标高考数学创新题解题诀窍:选修 2—3,4—4,4—5 分册	2014—09	18.00	375
全国重点大学自主招生英文数学试题全攻略:词汇卷	2015—07	48.00	410
全国重点大学自主招生英文数学试题全攻略:概念卷	2015—01	28.00	411
全国重点大学自主招生英文数学试题全攻略:文章选读卷(上)	2016—09	38.00	412
全国重点大学自主招生英文数学试题全攻略:文章选读卷(下)	2017—01	58.00	413
全国重点大学自主招生英文数学试题全攻略:试题卷	2015—07	38.00	414
全国重点大学自主招生英文数学试题全攻略:名著欣赏卷	2017—03	48.00	415
劳埃德数学趣题大全.题目卷.1:英文	2016—01	18.00	516
劳埃德数学趣题大全.题目卷.2:英文	2016—01	18.00	517
劳埃德数学趣题大全.题目卷.3:英文	2016—01	18.00	518
劳埃德数学趣题大全.题目卷.4:英文	2016—01	18.00	519
劳埃德数学趣题大全.题目卷.5:英文	2016—01	18.00	520
劳埃德数学趣题大全.答案卷:英文	2016—01	18.00	521
李成章教练奥数笔记.第 1 卷	2016—01	48.00	522
李成章教练奥数笔记.第 2 卷	2016—01	48.00	523
李成章教练奥数笔记.第 3 卷	2016—01	38.00	524
李成章教练奥数笔记.第 4 卷	2016—01	38.00	525
李成章教练奥数笔记.第 5 卷	2016—01	38.00	526
李成章教练奥数笔记.第 6 卷	2016—01	38.00	527
李成章教练奥数笔记.第 7 卷	2016—01	38.00	528
李成章教练奥数笔记.第 8 卷	2016—01	48.00	529
李成章教练奥数笔记.第 9 卷	2016—01	28.00	530

刘培杰数学工作室
已出版(即将出版)图书目录——初等数学

书　　名	出版时间	定　价	编号
第19～23届"希望杯"全国数学邀请赛试题审题要津详细评注(初一版)	2014—03	28.00	333
第19～23届"希望杯"全国数学邀请赛试题审题要津详细评注(初二、初三版)	2014—03	38.00	334
第19～23届"希望杯"全国数学邀请赛试题审题要津详细评注(高一版)	2014—03	28.00	335
第19～23届"希望杯"全国数学邀请赛试题审题要津详细评注(高二版)	2014—03	38.00	336
第19～25届"希望杯"全国数学邀请赛试题审题要津详细评注(初一版)	2015—01	38.00	416
第19～25届"希望杯"全国数学邀请赛试题审题要津详细评注(初二、初三版)	2015—01	58.00	417
第19～25届"希望杯"全国数学邀请赛试题审题要津详细评注(高一版)	2015—01	48.00	418
第19～25届"希望杯"全国数学邀请赛试题审题要津详细评注(高二版)	2015—01	48.00	419
物理奥林匹克竞赛大题典——力学卷	2014—11	48.00	405
物理奥林匹克竞赛大题典——热学卷	2014—04	28.00	339
物理奥林匹克竞赛大题典——电磁学卷	2015—07	48.00	406
物理奥林匹克竞赛大题典——光学与近代物理卷	2014—06	28.00	345
历届中国东南地区数学奥林匹克试题集(2004～2012)	2014—06	18.00	346
历届中国西部地区数学奥林匹克试题集(2001～2012)	2014—07	18.00	347
历届中国女子数学奥林匹克试题集(2002～2012)	2014—08	18.00	348
数学奥林匹克在中国	2014—06	98.00	344
数学奥林匹克问题集	2014—01	38.00	267
数学奥林匹克不等式散论	2010—06	38.00	124
数学奥林匹克不等式欣赏	2011—09	38.00	138
数学奥林匹克超级题库(初中卷上)	2010—01	58.00	66
数学奥林匹克不等式证明方法和技巧(上、下)	2011—08	158.00	134,135
他们学什么:原民主德国中学数学课本	2016—09	38.00	658
他们学什么:英国中学数学课本	2016—09	38.00	659
他们学什么:法国中学数学课本.1	2016—09	38.00	660
他们学什么:法国中学数学课本.2	2016—09	28.00	661
他们学什么:法国中学数学课本.3	2016—09	38.00	662
他们学什么:苏联中学数学课本	2016—09	28.00	679
高中数学题典——集合与简易逻辑·函数	2016—07	48.00	647
高中数学题典——导数	2016—07	48.00	648
高中数学题典——三角函数·平面向量	2016—07	48.00	649
高中数学题典——数列	2016—07	58.00	650
高中数学题典——不等式·推理与证明	2016—07	38.00	651
高中数学题典——立体几何	2016—07	48.00	652
高中数学题典——平面解析几何	2016—07	78.00	653
高中数学题典——计数原理·统计·概率·复数	2016—07	48.00	654
高中数学题典——算法·平面几何·初等数论·组合数学·其他	2016—07	68.00	655

刘培杰数学工作室
已出版(即将出版)图书目录——初等数学

书　　名	出版时间	定　价	编号
台湾地区奥林匹克数学竞赛试题.小学一年级	2017－03	38.00	722
台湾地区奥林匹克数学竞赛试题.小学二年级	2017－03	38.00	723
台湾地区奥林匹克数学竞赛试题.小学三年级	2017－03	38.00	724
台湾地区奥林匹克数学竞赛试题.小学四年级	2017－03	38.00	725
台湾地区奥林匹克数学竞赛试题.小学五年级	2017－03	38.00	726
台湾地区奥林匹克数学竞赛试题.小学六年级	2017－03	38.00	727
台湾地区奥林匹克数学竞赛试题.初中一年级	2017－03	38.00	728
台湾地区奥林匹克数学竞赛试题.初中二年级	2017－03	38.00	729
台湾地区奥林匹克数学竞赛试题.初中三年级	2017－03	28.00	730
不等式证题法	2017－04	28.00	747
平面几何培优教程	2019－08	88.00	748
奥数鼎级培优教程.高一分册	2018－09	88.00	749
奥数鼎级培优教程.高二分册.上	2018－04	68.00	750
奥数鼎级培优教程.高二分册.下	2018－04	68.00	751
高中数学竞赛冲刺宝典	2019－04	68.00	883
初中尖子生数学超级题典.实数	2017－07	58.00	792
初中尖子生数学超级题典.式、方程与不等式	2017－08	58.00	793
初中尖子生数学超级题典.圆、面积	2017－08	38.00	794
初中尖子生数学超级题典.函数、逻辑推理	2017－08	48.00	795
初中尖子生数学超级题典.角、线段、三角形与多边形	2017－07	58.00	796
数学王子——高斯	2018－01	48.00	858
坎坷奇星——阿贝尔	2018－01	48.00	859
闪烁奇星——伽罗瓦	2018－01	58.00	860
无穷统帅——康托尔	2018－01	48.00	861
科学公主——柯瓦列夫斯卡娅	2018－01	48.00	862
抽象代数之母——埃米·诺特	2018－01	48.00	863
电脑先驱——图灵	2018－01	58.00	864
昔日神童——维纳	2018－01	48.00	865
数坛怪侠——爱尔特希	2018－01	68.00	866
传奇数学家徐利治	2019－09	88.00	1110
当代世界中的数学.数学思想与数学基础	2019－01	38.00	892
当代世界中的数学.数学问题	2019－01	38.00	893
当代世界中的数学.应用数学与数学应用	2019－01	38.00	894
当代世界中的数学.数学王国的新疆域(一)	2019－01	38.00	895
当代世界中的数学.数学王国的新疆域(二)	2019－01	38.00	896
当代世界中的数学.数林撷英(一)	2019－01	38.00	897
当代世界中的数学.数林撷英(二)	2019－01	48.00	898
当代世界中的数学.数学之路	2019－01	38.00	899

刘培杰数学工作室
已出版(即将出版)图书目录——初等数学

书　　名	出版时间	定　价	编号
105 个代数问题:来自 AwesomeMath 夏季课程	2019－02	58.00	956
106 个几何问题:来自 AwesomeMath 夏季课程	即将出版		957
107 个几何问题:来自 AwesomeMath 全年课程	即将出版		958
108 个代数问题:来自 AwesomeMath 全年课程	2019－01	68.00	959
109 个不等式:来自 AwesomeMath 夏季课程	2019－04	58.00	960
国际数学奥林匹克中的 110 个几何问题	即将出版		961
111 个代数和数论问题	2019－05	58.00	962
112 个组合问题:来自 AwesomeMath 夏季课程	2019－05	58.00	963
113 个几何不等式:来自 AwesomeMath 夏季课程	即将出版		964
114 个指数和对数问题:来自 AwesomeMath 夏季课程	2019－09	48.00	965
115 个三角问题:来自 AwesomeMath 夏季课程	2019－09	58.00	966
116 个代数不等式:来自 AwesomeMath 全年课程	2019－04	58.00	967
紫色彗星国际数学竞赛试题	2019－02	58.00	999
澳大利亚中学数学竞赛试题及解答(初级卷)1978～1984	2019－02	28.00	1002
澳大利亚中学数学竞赛试题及解答(初级卷)1985～1991	2019－02	28.00	1003
澳大利亚中学数学竞赛试题及解答(初级卷)1992～1998	2019－02	28.00	1004
澳大利亚中学数学竞赛试题及解答(初级卷)1999～2005	2019－02	28.00	1005
澳大利亚中学数学竞赛试题及解答(中级卷)1978～1984	2019－03	28.00	1006
澳大利亚中学数学竞赛试题及解答(中级卷)1985～1991	2019－03	28.00	1007
澳大利亚中学数学竞赛试题及解答(中级卷)1992～1998	2019－03	28.00	1008
澳大利亚中学数学竞赛试题及解答(中级卷)1999～2005	2019－03	28.00	1009
澳大利亚中学数学竞赛试题及解答(高级卷)1978～1984	2019－05	28.00	1010
澳大利亚中学数学竞赛试题及解答(高级卷)1985～1991	2019－05	28.00	1011
澳大利亚中学数学竞赛试题及解答(高级卷)1992～1998	2019－05	28.00	1012
澳大利亚中学数学竞赛试题及解答(高级卷)1999～2005	2019－05	28.00	1013
天才中小学生智力测验题.第一卷	2019－03	38.00	1026
天才中小学生智力测验题.第二卷	2019－03	38.00	1027
天才中小学生智力测验题.第三卷	2019－03	38.00	1028
天才中小学生智力测验题.第四卷	2019－03	38.00	1029
天才中小学生智力测验题.第五卷	2019－03	38.00	1030
天才中小学生智力测验题.第六卷	2019－03	38.00	1031
天才中小学生智力测验题.第七卷	2019－03	38.00	1032
天才中小学生智力测验题.第八卷	2019－03	38.00	1033
天才中小学生智力测验题.第九卷	2019－03	38.00	1034
天才中小学生智力测验题.第十卷	2019－03	38.00	1035
天才中小学生智力测验题.第十一卷	2019－03	38.00	1036
天才中小学生智力测验题.第十二卷	2019－03	38.00	1037
天才中小学生智力测验题.第十三卷	2019－03	38.00	1038

刘培杰数学工作室

已出版(即将出版)图书目录——初等数学

书　　名	出版时间	定　价	编号
重点大学自主招生数学备考全书:函数	即将出版		1047
重点大学自主招生数学备考全书:导数	即将出版		1048
重点大学自主招生数学备考全书:数列与不等式	2019－10	78.00	1049
重点大学自主招生数学备考全书:三角函数与平面向量	即将出版		1050
重点大学自主招生数学备考全书:平面解析几何	即将出版		1051
重点大学自主招生数学备考全书:立体几何与平面几何	2019－08	48.00	1052
重点大学自主招生数学备考全书:排列组合・概率统计・复数	2019－09	48.00	1053
重点大学自主招生数学备考全书:初等数论与组合数学	2019－08	48.00	1054
重点大学自主招生数学备考全书:重点大学自主招生真题.上	2019－04	68.00	1055
重点大学自主招生数学备考全书:重点大学自主招生真题.下	2019－04	58.00	1056
高中数学竞赛培训教程:平面几何问题的求解方法与策略.上	2018－05	68.00	906
高中数学竞赛培训教程:平面几何问题的求解方法与策略.下	2018－06	78.00	907
高中数学竞赛培训教程:整除与同余以及不定方程	2018－01	88.00	908
高中数学竞赛培训教程:组合计数与组合极值	2018－04	48.00	909
高中数学竞赛培训教程:初等代数	2019－04	78.00	1042
高中数学讲座:数学竞赛基础教程(第一册)	2019－06	48.00	1094
高中数学讲座:数学竞赛基础教程(第二册)	即将出版		1095
高中数学讲座:数学竞赛基础教程(第三册)	即将出版		1096
高中数学讲座:数学竞赛基础教程(第四册)	即将出版		1097

联系地址:哈尔滨市南岗区复华四道街10号　哈尔滨工业大学出版社刘培杰数学工作室
网　　址:http://lpj.hit.edu.cn/
邮　　编:150006
联系电话:0451－86281378　　13904613167
E-mail:lpj1378@163.com